天才密码 STEAM之创意编程思维系列丛书

居晓波 著

◆通过对国内外儿童和青少年创造力课程的专项研究，运用美国麻省理工学院多媒体实验室为青少年和儿童设计的Scratch编程软件，将场景导入、游戏方式运用于学习，能够帮助学生进行有效的创意表达和数字化呈现，卓越地激发孩子们的想象力和创造力。

◆Scratch是可视化积木拼搭设计方式的编程软件，天才密码STEAM之创意编程思维系列丛书不是让孩子们学会一连串的代码，而是在整个学习体验过程中孩子们逐步学会自己思考并实现自己的想法和设计。

◆所有的编程作品都可以运用于实际生活，我们鼓励每一个孩子都能够通过自己的想象、思考、判断和创造，解决生活中可能遇到的各种问题。

復旦大學出版社

Scratch是美国麻省理工学院媒体实验室为青少年设计的可视化积木拼搭方式的编程软件，帮助学生进行有效的信息化表达和数字化创作。本书是“天才密码STEAM之创意编程思维系列丛书”中的一本，适合于8岁及以上的青少年。本书设计了以海洋航行探索为主题的沉浸式趣味编程活动，将程序创意设计与STEAM项目相结合，注重发展高阶思维能力。每一章节通过“引·航”、“思·舵”、“行·桨”、“悟·帆”4个部分引领学习的螺旋式上升路径，让学生在科学（Science）、技术（Technology）、工程（Engineering）、艺术（Art）、数学（Mathematics）等领域进行个性化、富有想象力和创造力的创意设计。学生通过参加高端的现代科艺活动，开展多元化、跨学科的学习实践，发展创新思维，提高实践能力。学生在开放、愉悦的氛围里合作开展Scratch创意设计活动，在实践、合作、分享的过程中，对新事物共同进行探索和尝试，强化理性思维和感性思维的综合发展。

序言

2016年我国创新能力世界排名已经从15年前的第28位提升至第18名（源自人民网2016年2月16日的数据），这无疑是我国众多教育工作者、科技创新实践者一起共同实践努力的结果。与此同时，我们必须清楚地意识到与世界发达国家间的差距。如何进一步提升我国的创新能力，尤其是青少年一代的创新能力培养，是每一个教育和科技工作者必须思考的问题。STEAM之创意编程思维系列丛书的编写，正是为了实现从编程思维视角来培养和提升青少年创新能力的目的。

这套丛书通过Scratch的编程思维学习，进行创意作品的设计和表达。其学习内容颠覆了枯燥乏味的代码性的传统编程语言学习，采取了生动有趣的方式进行教学活动设计，有益于青少年跨学科的融合性学习，有助于提升学生们知识和技能的迁移能力。学习者将在编程学习过程中不断深化理解各模块的技能内涵，逐渐学会分解问题、关注本质，并逐步形成编程思维，同时激发自身潜在的创造力。

这套丛书将创意编程思维融合到科学（Science）、技术(Technology)、工程(Engineering)、艺术(Art)、数学(Mathematics)等学科，体现各学科融会贯通、交叉统一、系统思考的思想，以期对学生的设计、数学、逻辑、抽象等多种思维能力进行综合性培养。

学习者将通过书中STEAM创新教育的活动项目体验，感受到Scratch创意编程思维的魅力和艺术性，激发探索兴趣，体会科艺创作的乐趣。书中也特别融入以环保为主题的相关创意作品，结合环保的相关知识，学习者在创作过程中能够逐步形成绿色环保的可持续发展理念。与此同时，学习者在学习过程中通过不断对程序进行优化和完善，了解创作过程是迭代和渐进的，从而逐步培养观察问题和解决问题的能力，并通过想象、思考、判断和创造来解决生活中遇到的实际问题，提升跨学科解决问题的能力，提高自身的综合素养。

此外，这套丛书还将游戏化的方式运用到教学之中，使教学过程更加生动、形象、有趣，不仅能大大激发学习者的兴趣，而且也有利于激发他们的想象力和创造力。在学习活动过程中，还将要求学习者学会利用编程思维和多学科知识去创作属于自己的个性化作品，展示自己的各项思维能力、解决问题的能力，以及将STEAM各学科内容融会贯通的能力。另外，教学过程强调学习者在创编活动中开展团队协作学习，从而不断提升协作、沟通、表达和领导能力等，为终身发展奠定坚实的基础。

让我们共同关注、打造、实践STEAM教育，使我国的创新教育充满灵气、生气和活力。相信不久的将来我国创新人才的培养一定会走在世界前列！

华东师范大学现代教育技术研究所所长

教授、博士生导师　张际平

2017年3月

序言

伴随信息革命的到来，计算机已深刻改变了全球几代人的生活方式和思维模式，成为社会变革与经济发展的主要驱动力。随着未来人工智能技术融入日常生活，计算科学将会得到进一步发展。因此，掌握计算科学在某种意义上将有助于人们更深刻地理解未来世界。

近年来计算思维逐渐成为社会各界广泛关注的热点主题，不仅教育界、科技界的人士关注着如何培养下一代具有计算思维的青少年人才，商界及各国政府也高度关注信息技术在基础教育及高等教育领域的改革和发展并且形成共识：计算思维对信息时代的科技与人才创新至关重要。如何将计算思维的培养有效嵌入信息技术课堂，是目前国内教育需深入探讨和创新实践的重要议题。但当前中小学信息技术教育内容，大部分还停留在技术工具的学习与模式化预设课堂的教学模式中，无法系统化地培养青少年在计算科学领域的思维能力。近年来，由MIT人工智能与多媒体实验室引领的可视化编程工具Scratch的出现，为计算科学思维能力的训练提供了新的契机。基于可视化编程的计算思维模式，将学习的逻辑结构从碎片化转变为系统化与沉浸式，通过教案的引导与学案的支持，有效培养学生的创新能力。

这套教材使用Scratch可视化编程软件启发与训练学生进行创意程序作品设计，强调计算思维及解决实际问题能力的培养。结合程序由浅入深的难度综合考量，通过“思维导图-模块学习-个性化创作”的模式，让学生学会建立程序逻辑框架并通过不断的迭代实现程序功能，建立初步的算法概念，同时理解人工智能背后的逻辑内涵。这不仅符合皮亚杰（Jean Piaget）认知规律，即7~11岁儿童其认知发展在具体运算阶段的成长水平和发展需要，也与美国师生创新技术体验机构（Innovative Technology Experiences for Students and Teachers，ITEST）提出的“使用——修正——创造”K12计算思维培养框架不谋而合。

全书以航海探索故事的主线为背景，设计了项目式的课程，结合STEAM各学科知识，让学生在深度参与程序创作的同时掌握科学（Science）、技术（Technology）、工程（Engineering）、艺术（Art）、数学（Math）跨学科概念及知识。同时，结合学科知识进行发散性、个性化创作，从多维度设计具有丰富想象力和创造力的程序。本书不仅注重培养和建立学生的计算思维与创造性思维，在培养孩子的融合学科思维发展的同时，也结合多学科融合原则，让学生通过程序项目的学习掌握金融与商业的相关知识，了解计算技术在其他学科中如何发挥其重要作用。

华东师范大学计算机科学与软件工程学院副院长

教授、博士生导师　蒲戈光

2017年11月

前言

国内外的教育改革无不渗透着培养创新人才的理念，我国的教育研究日益注重把创新教育原则和方法作为基础，培养学生的创新意识和创新思维；以研究性学习和科艺创作为主线，寻找创新点，培养学生的创新技能。

Scratch是美国麻省理工学院为青少年设计的编程软件，使用者以拼搭可视化积木的程序设计方式，有效地进行信息化表达和数字化创作。学生探索多种方法来解决具有真实意义的问题，在玩中学、学中玩，增加学习过程的乐趣，激励产生更大的学习成就感。

本书设计了以海洋航行探索为主题的沉浸式Scratch可视化趣味编程活动，将程序创意设计与STEAM项目相结合，注重发展高阶思维能力。每一章节由“引·航”“思·舵”“行·桨”“悟·帆”4个部分引领学习的螺旋式上升路径，学生在科学（Science）、技术（Technology）、工程（Engineering）、艺术（Art）、数学（Mathematics）等领域进行个性化、富有想象力和创造力的创意设计。孩子们轻松快乐地从生活中挖掘创造力的来源，在发现、表达、解释和解决多种情境下的综合问题时强化思维训练，进行想象建模、分析推断与实施评估，并有效地交流思想。

本书与笔者的教育科学研究以及教学实践相结合，注重提升青少年的思维品质，设计了多元化跨学科融合的可视化编程学习实践活动。学生运用Scratch在多领域开展创新探索，在更广范围内开展创造性的学习，有助于提升情知、技能与方法等方面的迁移能力，也有助于发展核心素养，培养适应终身发展和社会发展所需要的必备品格和关键能力。

在本书带来的探索海洋编程之旅中，让我们乘着海风，展开思维的羽翼，赋予Scratch积木灵动的生命，在轻松拼搭积木的过程中抽象推理、研究创造、感悟表达、合作分享，共同书写记载着收获、反思与梦想的航程日志吧！您参与此次创编航程的感受、意见与建议，能够助力我们的这段旅程，欢迎联系与交流（联系邮箱：juxiaobo_scratch@126.com）。

居晓波

2017年6月

目录

第1章　海边的Scratch

第2章　裹粮待发

第3章　谁的生日

第4章　舰指沧海

第5章　素雪竞帆

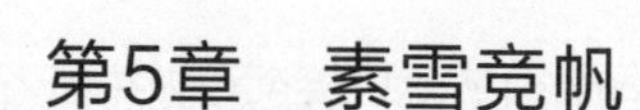

第6章　浩海迷障

第1章

海边的Scratch

一、引·航

海洋充满了神秘力量，有个叫卡卡的男孩和他的伙伴们即将驾船踏浪远行，去亲近、探索这方奇妙、精彩的水世界。今天非常幸运地遇见了这个团队中重要的成员，就是——此刻注视着这段开篇文字的亲爱的你，正是你温暖、期许的目光，开启了我们这段共同的航程。

嗨！很高兴遇见你！你的名字是____________，接下来的时光我们要与伙伴们一同航行、探索啦！这本航海日志需要你一起参与编写才能完整，编写这本航海日志会用到Scratch编程语言。Scratch精心准备了缤纷多彩的积木块，让我们在轻松拼搭积木的过程中来思考、编程、表达。接下来的旅程中，期待大家赋予这些十色积木脉动的生命，来搭建属于自己的海洋拼图，记录一路的所思、所感、所悟。让我们用Scratch迎着海风作首诗、踩着海浪跳支舞、对着洋流唱首歌吧!

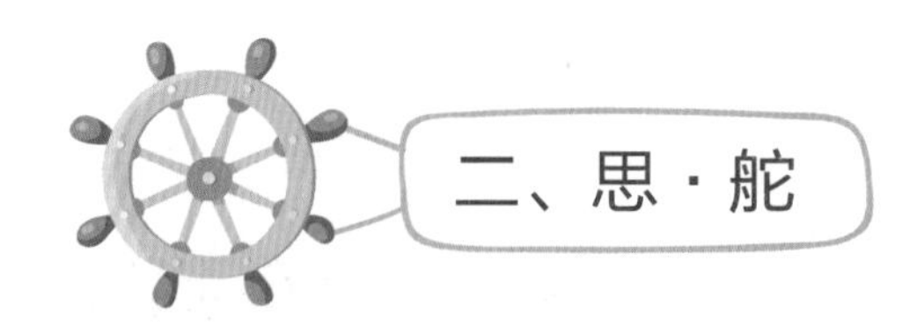

二、思·舵

1. 关于海洋

（1）请你来填写下面这张表格，让我们了解关于海洋你已经知道、想要知道、本章学习后新知道（此列在本章学习完成后填写）的内容，以及你具有的特长、有哪些相关的兴趣爱好。

已知	想知	新知	你的特长、相关兴趣爱好等

（2）请在下列场景、人、物中选择1~3个你认为有助于了解海洋相关信息的场景或人、物，在相应选项旁的括号中打 ✓。

A. 去海边实地亲近大海(　)

B. 在学校学习关于海洋的知识(　)

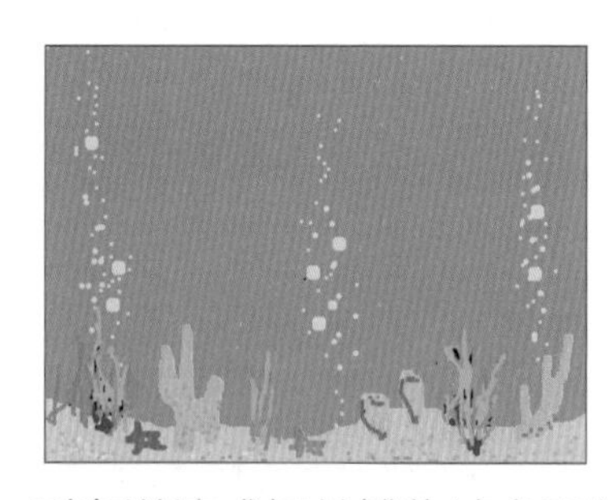

C. 到海洋馆或相关博物馆参观(　)

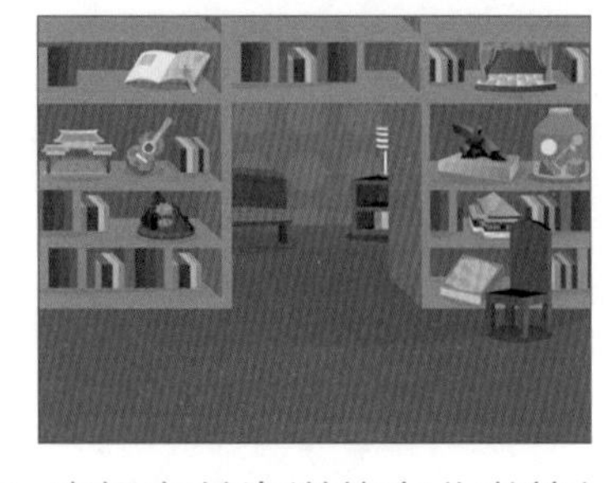

D. 查阅有关海洋的专业书籍(　)

E. 观看有关海洋的影视作品(　)

F. 网络搜索海洋相关信息(　)

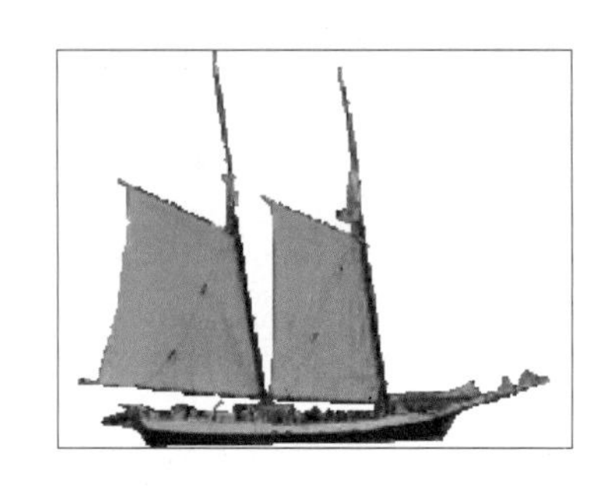

G. 乘船远航，深入了解海洋(　)

H. 咨询智库海洋专家(　)

I. 询问熟知海洋信息的同伴(　)

（3）海洋词汇初探。

请解释下表中的词汇含义，可以进行多轮修正，请注明从何得知、如何修正，也可自主增加相关词汇并解释。

词汇	含义	如何得知/修正
海洋		
海		
洋		
蓝洞		
……		

2. 关于Scratch

刚才请你选择有助于了解海洋相关信息的场景或人、物，选项中的图片均来自Scratch这款软件的舞台背景和角色。Scratch是美国麻省理工学院（MIT）媒体实验室为青少年设计并开发的一款编程软件，模块中的指令如同积木一样可以自主拼搭在一起。其易用性和强大的编程环境惠及使用者，可视化积木拼搭的程序设计方式有助于使用者摆脱语法的束缚，轻松自如地进行信息化表达和数字化创作。

Scratch是一款内涵丰富的思考工具、编程工具和表达工具，倡导“想象一编程一分享”（Imagine-Program-Share）。使用Scratch来编程的过程轻松、有趣，吸引了不同兴趣和学习风格的青少年都加入了这个编程爱好者的共同体，一起来设计、创作并分享多元化的Scratch创意作品。

在Scratch的官方网站（http://scratch.mit.edu）上可以注册账号，除了在网络浏览器中使用Scratch2.0在线版本创建项目，也可以在网站上的支持栏目里点击“离线编辑器”，来下载Scratch2.0离线版。

请你动动手指来初体验Scratch这款软件，然后回答下列问题，并告诉大家你产生了哪些问题或疑惑。

问题	回答（图片、文字形式均可）
Scratch这个英语单词的意思有哪些？请你猜想这款软件为什么会取这样一个名字？	
Scratch软件和其他基于文本代码的编程软件有哪些区别？（建议贴图比较来说明）	
请你来提问……	

三、行·桨

1. 试桨

我们此次航程会使用Scratch程序设计语言来记录一路的见闻、思考与成长，接下来就为大家请出我们的新朋友——Scratch。

（1）初识Scratch程序窗口。

Scratch2.0的程序窗口主要由舞台、角色列表、标签页、指令区、脚本区、菜单栏、工具栏等组成，如下图所示。

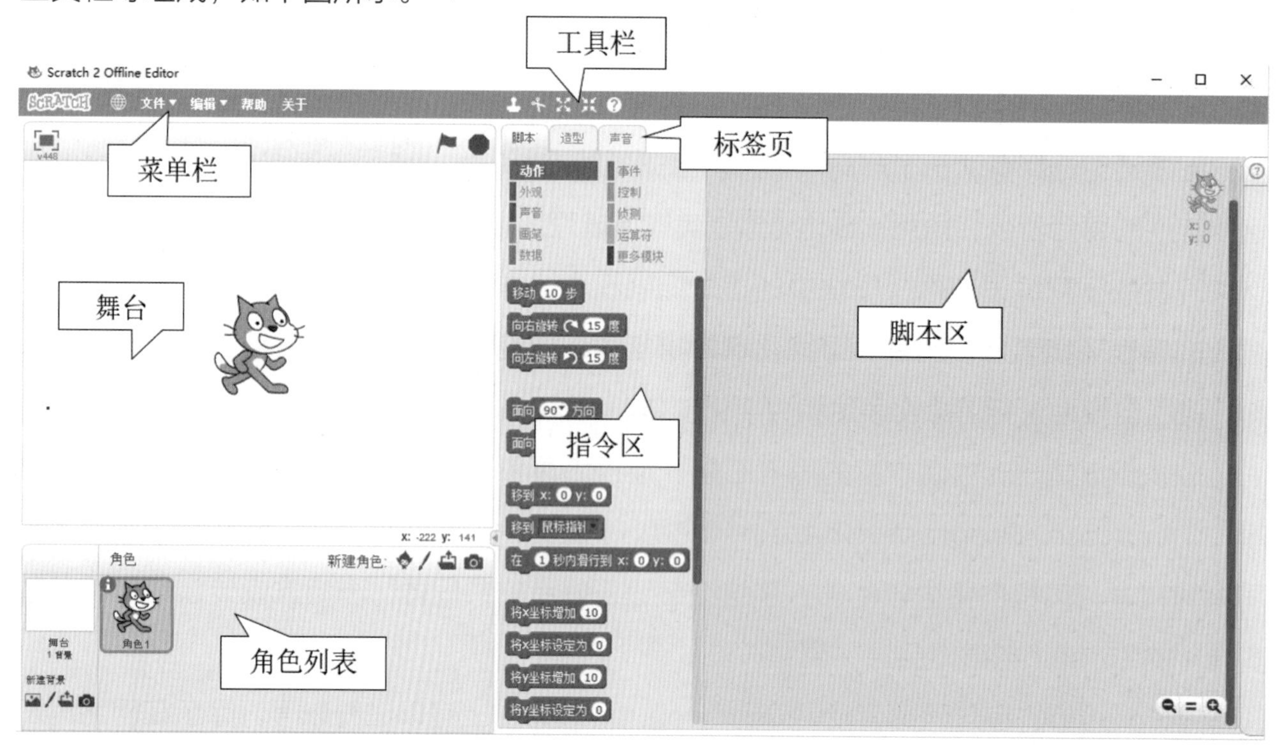

（2）舞台。

舞台是角色活动的背景和场所，宽度是480步长，高度是360步长，可以把舞台看成一个坐标系，中心点是 x=0和 y=0。在舞台区的右下方显示了鼠标在舞台上的当前坐标（x，y），如右图所示。

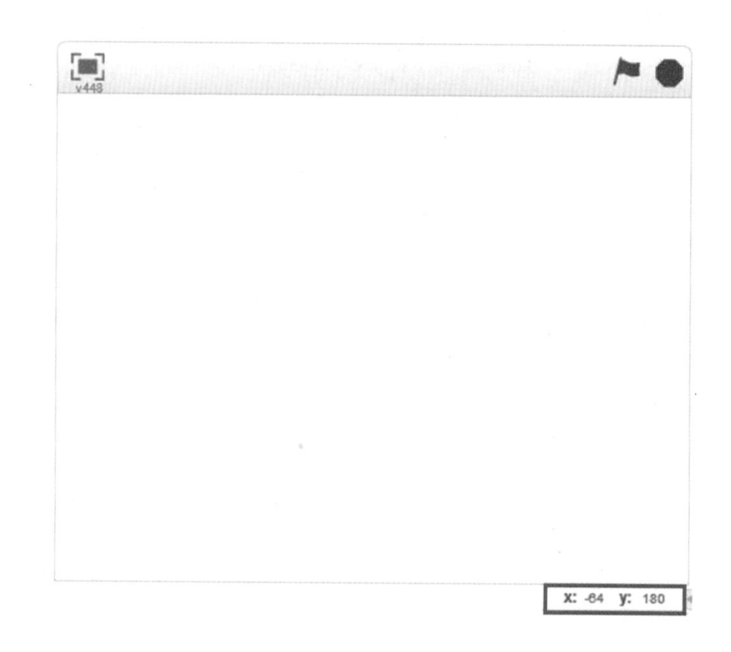

（3）角色。

Scratch程序中的角色由专属于自己的3个部分组成。

造型（Costumes）

表现角色外观的图像，一个角色可以有多个造型，如下图所示。

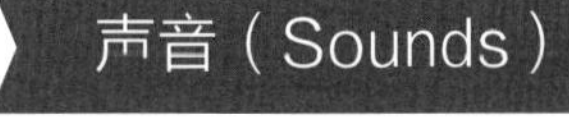

在程序运行过程可以播放声音，令作品更加多元、有趣，如下图所示。

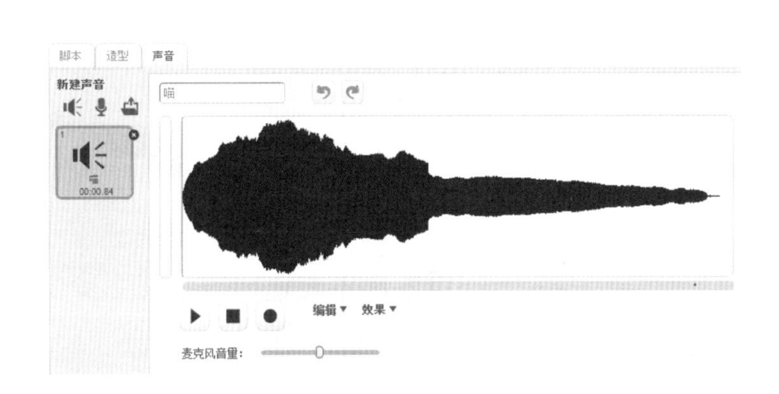

脚本（Scripts）

使用指令积木块卡合的编程方式，用来展现角色的行为等，如右图所示。

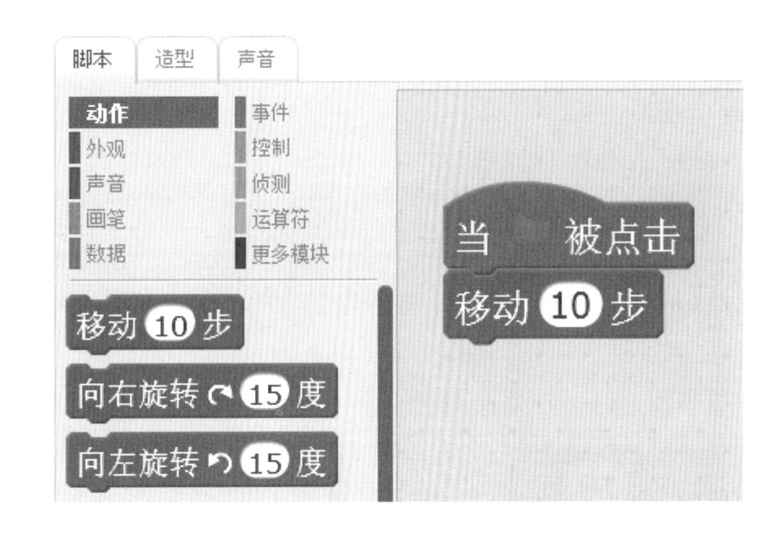

Scratch编程窗口的“指令区”由10大类模块组成，默认显示的是“脚本”标签页，如右图所示。单击每个模块的名称，会显示该模块中包含的指令，指令中的参数可以根据需要设置和修改。

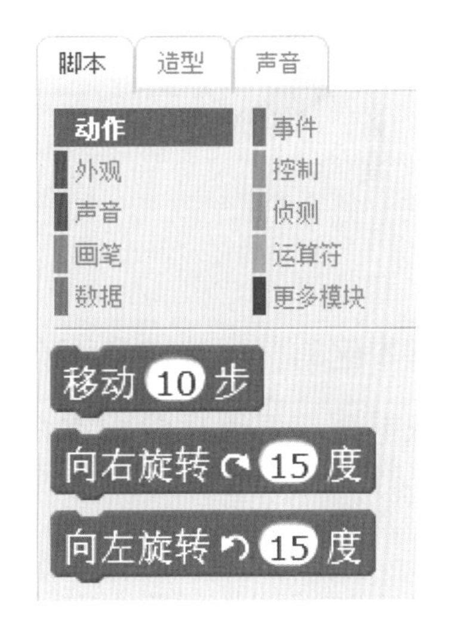

在指令区和脚本区鼠标左键单击指令，可以直接执行这个指令或这段程序脚本。在指令上单击鼠标右键，出现快捷菜单“帮助”，如右图所示，会显示相应的帮助信息，提示如何使用该指令。菜单栏中的“帮助”命令也提供了Scratch的使用指南信息。

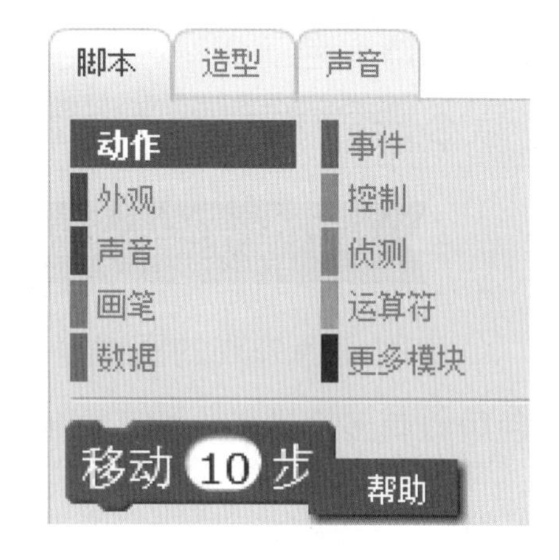

Scratch非常贴心周到，是一款界面友好、亲切易用的软件。

当我们编制一段程序脚本时，一般会使用多个指令组合，将需要使用的指令拖动到脚本区，搭建和卡合在一起。单击“动作”模块，这时下面会显示一组与动作相关的指令，选择 向右旋转 ↻ 15 度 指令，并用鼠标将它拖动到脚本区域，如下图所示。

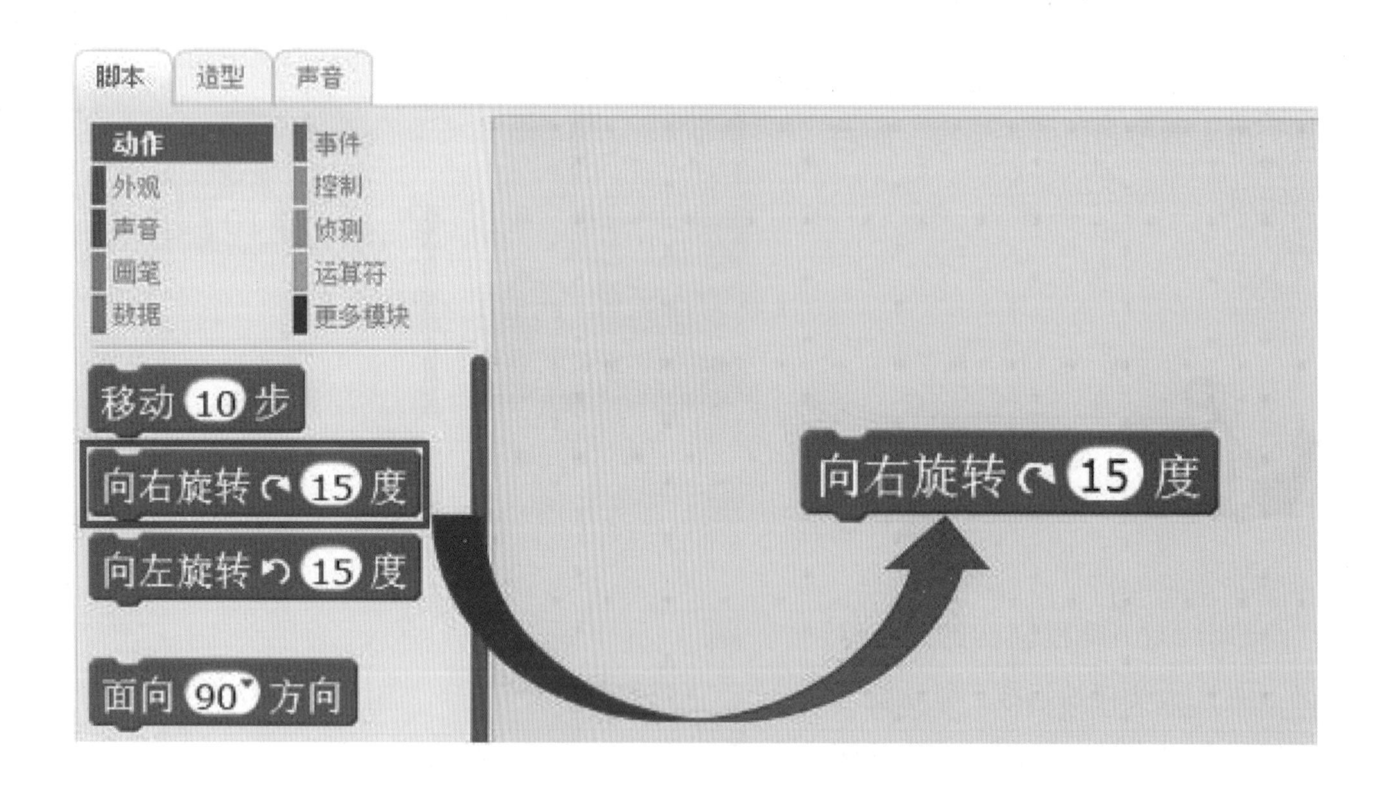

如果指令积木拖动到脚本区时，出现白色高亮提示，说明当前的指令积木块能够与其他指令积木有效地拼搭在一起，如右图所示。

Scratch为大家准备了五彩缤纷的指令积木块，下面让我们按不同的分类方法与它们来次亲密接触吧，看看初次体验大家能对它了解多少。

按颜色（模块）分类：请补全下表中的空白单元格，并再列举出几种你尝试下来觉得有趣的积木及其所属模块、功能。

积木块	所属模块	实现功能
当 被点击	事件	
移动 10 步	动作	

按形状及积木卡合情况分类：请补全下表中的空白单元格。

积木块	形状描述	请再找出一个同类型的积木
当角色被点击时		
说 Hello! 2 秒	积木上、下方分别有凹口和凸起，可以互相卡合。	
如果 那么	积木块有开口，内部可容纳其他积木块。	
大小 或 碰到 ?		

按修改参数情况分类：请补全下表中的空白单元格。

积木块	修改参数情况	请再找出一个修改参数类型相同的积木
向右旋转 ↻ 15 度		
面向 90 方向	既可以在白色区域输入参数，也可以单击黑色小三角选择下拉菜单中的一个参数。	
将造型切换为 造型2		

你还能从其他角度对积木进行分类吗？请设计表格呈现。

（4）保存Scratch程序。

单击Scratch编程窗口菜单栏中的“文件”→“保存”选项，如下图所示，在打开的对话框中选择保存的位置、输入程序文件的名称，就可以保存创作的Scratch作品文件。

SCRATCH 文件 编辑 帮助 关于
新建项目
打开
保存
另存为

请完形填空：程序文件的名称建议具有一定的意义，这样是因为＿＿＿＿＿＿＿＿＿＿

＿＿＿＿＿＿＿＿＿＿＿＿＿＿＿＿＿＿＿＿＿＿＿＿＿＿＿＿＿＿＿＿。

2. 践行

（1）Scratch初体验之角色。

Scratch软件新建一个项目，角色列表中会自动默认出现一个小猫角色，可以根据需要删除和新建角色。Scratch程序里的角色除了默认的小猫，可以根据需要添加多个角色来完成作品。Scratch提供以下新建角色的方式：从角色库中选取角色、绘制新角色、从本地文件中上传角色、拍摄照片当作角色，如下图所示。

下图是Scratch角色库中的一些角色，请观察库中有哪些角色分类、主题和类型。

单击“工具栏”上的按钮，如下图所示，然后再单击角色，可以复制、删除、放大和缩小角色。

当删除角色时，可以使用删除按钮 或鼠标右键单击需要删除的角色，在快捷菜单中选择“删除”，如右图所示。

（2）Scratch初体验之舞台。

我们可以采取与添加角色相类似的操作来添加合适的舞台背景，如右图所示。

请填写下表，指出相应按钮的功能。

按钮	功能

（3）Scratch初体验之脚本。

卡卡在海边散步，看到如右图所示的场景，于是他把映入眼帘的一幕“小狗在海边奔跑”记录下来。

卡卡试着用Scratch表达“小狗在海边奔跑。”

小狗	在海边	奔跑
		当 被点击 移动 10 步
↓	↓	↓
从角色库中选择小狗角色	选择海滩的舞台背景	拼搭积木块，编制小狗角色的脚本

我们来运行这个小程序看看效果，请关注下面3个按钮，填表告诉大家它们有哪些功能。

按钮	功能
（绿旗按钮）	
（停止按钮）	
 （全屏按钮）v448	

卡卡把程序作品与伙伴们分享和交流，你也是伙伴中的一员，你发现这个程序有什么不足吗？你想从哪些方面进行改进呢？

____

____

受到伙伴们建议的启发，卡卡试着把程序做了两次改进，尝试着又增加了新的指令积木块，分别展现“小狗在海边不停地奔跑”和“小狗在海边不停地来回奔跑”。

小狗	在海边	不停地奔跑
 （小狗图）	 （海边图）	 当 被点击 重复执行 移动 10 步

小狗	在海边	不停地来回奔跑
 （小狗图）	 （海边图）	 当 被点击 重复执行 移动 10 步 碰到边缘就反弹

单击角色列表中角色缩略图左上角的i图标  ，可以显示角色的名称、在舞台的坐标、方向、旋转模式、在演示模式下能否被拖动、程序设计时是否显示等相关信息，如下图所示。

请你尝试改变角色信息的一些设置（如旋转模式等），体验其意义，并写下你对这些选项的理解。

角色信息选项	选项说明或作用
Dog1	
x: -117 y: -96	
方向: 90°	
旋转模式:	
可以在播放器中拖动:	
显示:	

大家可能还不太熟悉Scratch积木块的功能，我们先来体验和感受一下程序设计不断迭代、完善的螺旋上升过程，你对卡卡改编后的作品还有什么改进建议吗？

接下来请你试着编制一段程序来展现：卡卡在海边说，“大海就像一大块蓝色的果冻”。可能的效果如右图所示。

卡卡	在海边	说：“大海就像一大块蓝色的果冻。”
		提示：可能会用到以下积木块中的几种，分别体验以下积木块的功能以及后面4块积木的异同点。 当 被点击 说 Hello! 2 秒 说 Hello! 思考 Hmm... 2 秒 思考 Hmm...
↓	↓	↓
从本地文件（素材文件夹）添加卡卡角色	选择合适的舞台背景（有多种选择）	请选择合适的积木块拼搭卡合在一起，编制脚本

下面请你创作一个关于海洋的Scratch程序。

①请选择合适的舞台场景或人、物，说出在你心中大海的颜色、气味、声音都是什么样的。

②请告诉大家四大洋是指太平洋、______、印度洋、______，并与大家分享你是如何得知四大洋信息的。

③请再分享一条信息，介绍关于海洋有趣的知识或与海洋相关的诗词、成语、书籍、影视作品、场馆等，并告诉大家你获悉这些信息的途径与方法。

④欢迎你自主加入新想法来表达你对海洋的所知、所想……

程序完成后，先来自测一下程序，并总结作品特色与亮点。

自测时发现的问题	如何解决	解决的结果（完全解决/部分解决/无法解决）	总结作品特色与亮点

接下来与他人交换互玩程序，相互体验、欣赏作品，从技术、情节、造型、主题、界面、创意等方面多维度地进行评价，并给予改进建议。

<table>
<tr><td colspan="2">作品名称：</td></tr>
<tr><td>喜欢的理由：□ 技术 □ 情节
□ 造型 □ 主题
□ 界面 □ 创意
详细说明理由：
①
②
③</td><td>给出的改进建议：
①
②
③
④
⑤
⑥</td></tr>
</table>

根据他人的评价和建议，进一步修正、完善作品。

他人具有建设性、启发性的建议与意见	本人根据左侧建议与意见的调整措施	修正与完善的效果

四、悟·帆

使用C、Java等基于文本代码的编程语言时，编写代码需要严格遵从语法规则，而Scratch运用积木组合式的程序语言，采用图形化编程界面，更为直观和易于理解，使用者有更多的空间打破思维定势，尝试独创性的构想，通过想象—创造—乐玩—分享—反思来发展创造性思维。

请把获得有关海洋的新知，概要填写在本章“思舵”处的表格“新知”一栏中，并回顾、检视本章的学习。请填写下表，左侧可继续自主添加学习回顾项目，右侧填写左侧项目的自检评价与个性化感悟。

学习回顾	自我检视
① 初探了解新事物、解决新问题的方法与途径，增强获取、加工、表达信息的能力。	
② 了解Scratch 软件及程序界面。	
③ 了解不同类型的Scratch指令积木的异同及功能。	
④ 理解并应用编辑Scratch角色和舞台的方法，观察、了解Scratch编程的特点。	
⑤ 初步体验优化、改进程序，逐步发展观察问题和解决问题的能力。	

第2章

裹粮待发

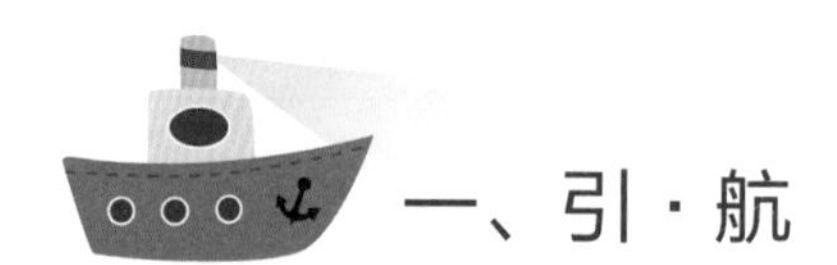

一、引·航

凡事预则立！卡卡和小伙伴们在远航前要采办些干粮，为即将开始的航程做好食物储备。该采购哪些食物呢？小伙伴们展开了热烈的讨论，他们各抒己见，从不同角度提出很多建设性意见。经过几轮商讨，大家关于采购方案达成共识。团队中的Scratch小猫自告奋勇担当起裹粮重任，那么，它到底买了些什么呢？

买什么好呢？

小猫现在还在继续操办采购事宜，它拜托海风轻轻地捎来一句话："裹粮待发.sb2"这个程序会解开谜题，它会告诉大家已经采购了哪些食物。接下来好奇的你会……

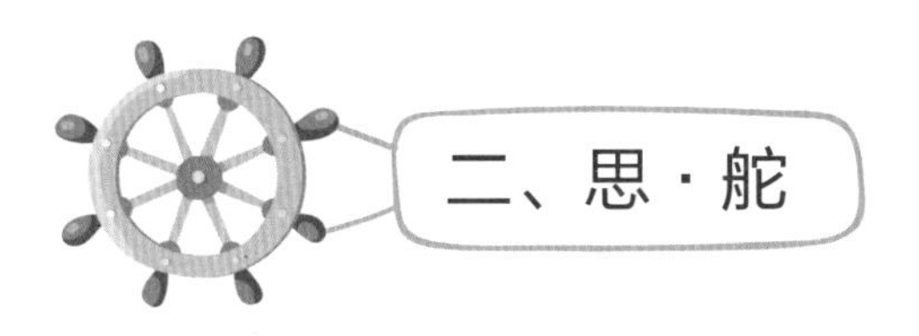

二、思·舵

你现在是否已经收到Scratch小猫托海风捎来的话，打开“裹粮待发.sb2”这个Scratch程序，并且单击绿旗试玩过了呢？你现在知道小猫已经采办了哪些食物了吗？请填写下表记录小猫目前已经采购食物的详情。

采购的食物	食物的产地

1. 图像式思考辅助工具——思维导图

现在来回顾一下航海团队商讨裹粮方案的过程吧。队员们首先展开头脑风暴，集思广益，来讨论采办干粮时应该考虑的因素，并把思维导图作为图像式思考辅助工具。思维导图由关键词或想法引发形象化的关联和分类的思考，通常以辐射线等来互相连接，图文并重。

下图是卡卡绘制的思维导图，可以看出卡卡认为采办干粮时以下4个因素非常重要：食物不易腐败变质，方便存储；有益于团队成员补充能量，在航程中保持健康的体魄；兼顾考虑团队成员的饮食习惯等；需要根据远航沿途的补给采购预期规划起航时的干粮储备。

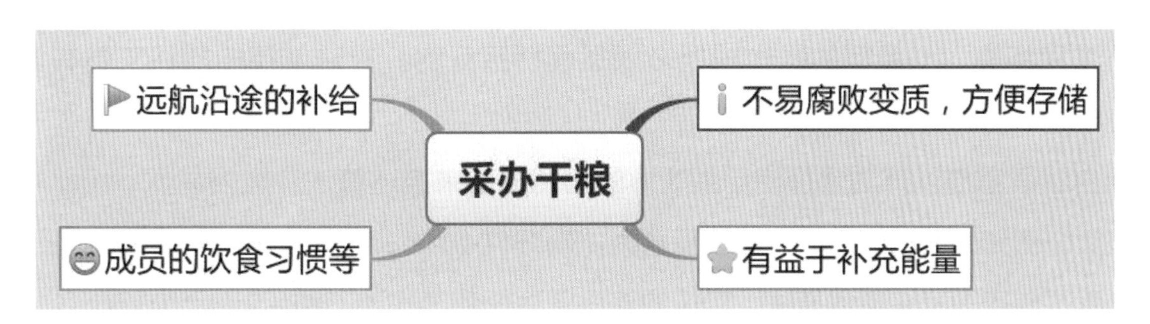

团队成员们交流和分享各自的观点，Scratch小猫看到卡卡的这张思维导图，心想：卡卡真是关怀体贴同伴，不仅关注到食物需要便于长途存储，还细心地考虑到要兼顾小伙伴们的饮食习惯，很为集体中的成员着想啊。我也要主动为整个团队多做些什么……后来，它主动请缨承担了采购重任。

接下来，请你谈谈对卡卡和这张思维导图的看法，请写下你的意见和建议。

2. 排序的可视化思考策略和方法

影响采办干粮的因素很多，其重要程度及优先级各不相同。下面请你按重要程度递减的顺序，在下图的矩形框中依次写出你认为采办干粮时需要考虑的因素，并在云形标注框中说明理由。

① 采办干粮时需要考虑的首要因素是：

注解和说明

② 采办干粮时需要考虑的第二位因素是：

注解和说明

③ 采办干粮时需要考虑的第三位因素是：

注解和说明

④ 采办干粮时需要考虑的第四位因素是：

注解和说明

团队成员们汇总、比较各自对于影响采办干粮因素的排序情况，然后充分阐述自己的排序理由和说明，尝试说服同伴、交流反思，伙伴们逐渐就采办干粮时应该考虑的因素及其重要程度达成共识。大家群策群力，讨论出采购方案，然后Scratch小猫勇挑重担，开始采购干粮，忙得不亦乐乎。

3. 算法的描述方法

接下来设计Scratch小猫出发采办干粮的行进和思考过程的算法。算法是指解决问题的具体方法和步骤，一系列的操作规则必须是确切可行的。算法常用的描述工具有自然语言、流程图、伪代码和程序设计语言等。

用自然语言描述算法就是使用生活中的常用语言来描述算法，通俗易懂，但比较容易出现歧义。例如，“喝好牛奶”可以理解为“喝好/牛奶”，也可理解为“喝/好牛奶”。

流程图使用图形来描述算法，常用的流程图框图和符号如下图所示。

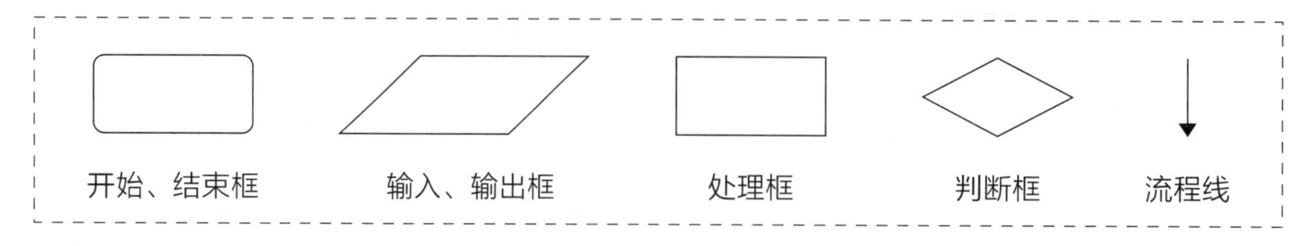

除了自然语言、流程图两种工具以外，还可以使用程序设计语言来描述算法，本书采用的程序设计语言是Scratch。

4. 算法的基本结构之顺序结构

算法的3种基本结构是顺序结构、分支结构和循环结构。本章探讨如何描述顺序结构。顺序模式严格按照先后顺序执行各个步骤，执行一个处理步骤后，顺序执行下一个处理步骤。

用自然语言描述顺序结构

① 步骤1
② 步骤2
③ ……

用流程图描述顺序结构

步骤1
步骤2

请你用自然语言描述Scratch小猫出发采办干粮的行进和思考过程。

请你用流程图描述Scratch小猫出发采办干粮的行进和思考过程。

三、行·桨

1. 试桨

（1）动作模块。

①“面向……方向”。

使用“面向……方向”指令积木，可以将角色旋转到任意一个角度，既可以点击黑色小三角打开下拉菜单，快速选择一个角度，也可以在白色输入框中输入一个数值来设置参数。

请问在下图中向上、向左两个箭头方向处对应的积木块应该如何设置参数？请再自主添加几条箭头方向，并说明对应的积木块参数。

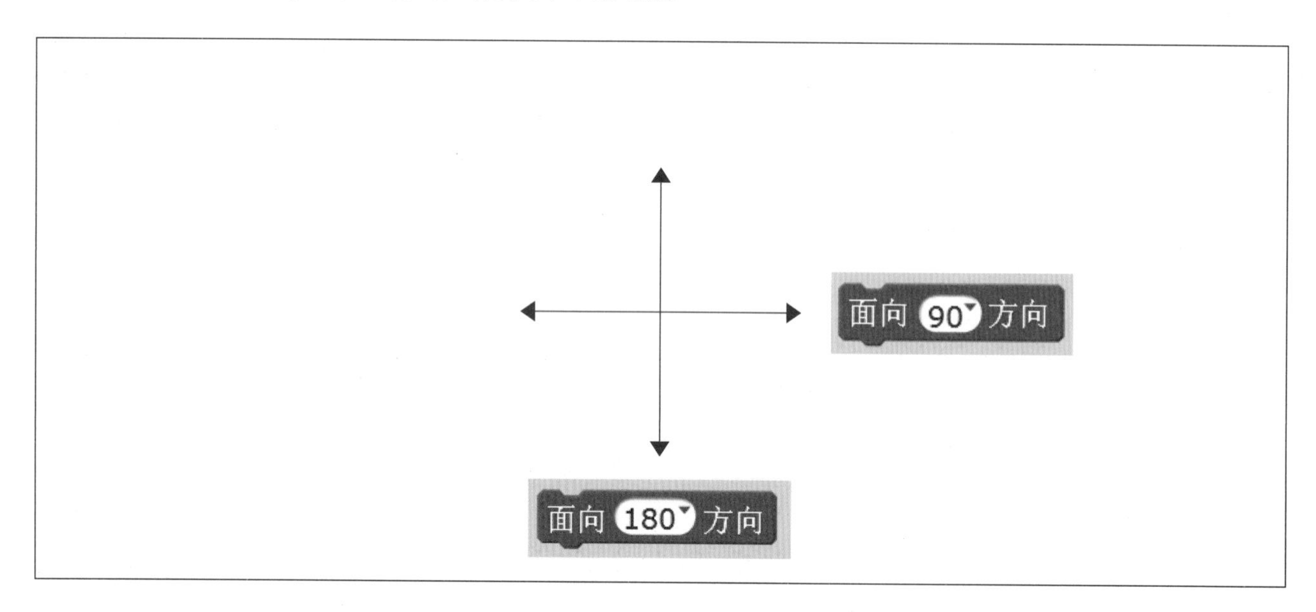

②“将旋转模式设定为……”。

旋转模式有如下图所示的3个选项，还记得第1章中卡卡编写的“小狗在海边不停地来回奔跑”这段脚本吗？在不同的旋转模式下，小狗奔跑的状况并不相同。请思考：Scratch小猫要游历各地、四处奔波采办食物，设置哪种旋转模式比较合适呢？

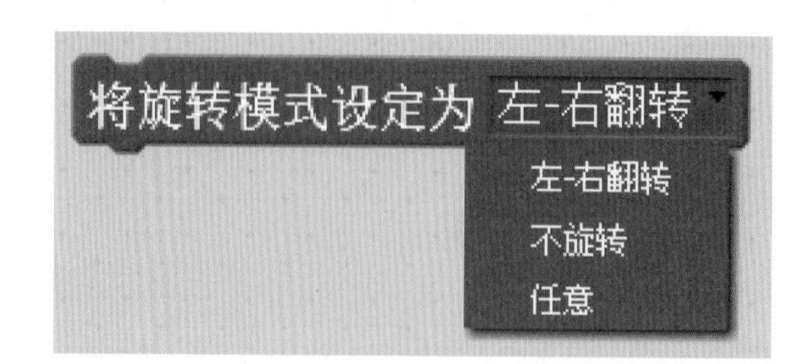

③“移到……”与“在……秒内滑动到……”。

使用“移到……”和“在……秒内滑动到……”，能够使角色移动到舞台某个特定、精确的位置。分别单击这两块积木，试试脚本执行的效果，请问这两块指令积木执行起来区别在哪里?

角色移动到坐标（119，74），大致在舞台的什么位置?在积木块的白色区域再尝试输入不同的参数，让角色分别移动到舞台的右下方和左上方。

积木块	功能
移到 x: 119 y: 74	
在 1 秒内滑行到 x: 119 y: 74	

（2）外观模块。

①“下一个造型”。

打开小猫角色的造型标签，如右图所示。观察小猫有几个造型，造型的名称分别是什么?

分别单击“下一个造型”和“将造型切换为……”这两块积木，试试脚本执行的效果有什么区别?

积木块	功能
下一个造型	
将造型切换为 造型2	

②“思考”等。

还记得第1章请你编制一段程序来展现以下场景吗?卡卡在海边说，“大海就像一大块蓝色的果冻”，那时请大家尝试过（如右图所示）4块积木的执行效果。现在Scratch小猫在路途中一边四处奔走，一边思量到哪里去买什么食物，你觉得用哪块积木比较合适呢?

（3）控制模块。

刚才你已经注意到Scratch小猫有两个造型了吧？小猫一路不停奔走，如何编制脚本让小猫行走起来不那么僵硬，而是自如、流畅？请拼搭下面的积木试试效果，你也可以自主选择其他的积木块来实现。

积木拼搭好之后，如果你觉得小猫的走姿有些迟缓，可以尝试调整某个积木块的参数。

调整参数后的小猫是不是走起来更流畅自如、生机勃勃了？你是否已经领会了下表中这些积木块的用途？填写下面这张表格，并与大家一起交流吧。

积木块名称	所属模块	积木块	用途
“等待”	控制模块	等待 1 秒	
“重复执行”	控制模块	重复执行	

控制模块“停止”积木的下拉菜单中有3个选项：全部、当前脚本、角色的其他脚本，如右图所示。请尝试把这个积木块加入脚本，分别在下拉菜单中选择不同的选项作为参数，看看执行的效果有什么区别。

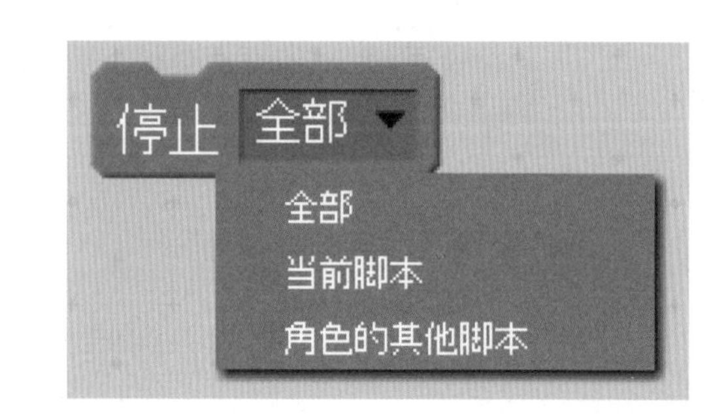

2. 践行

（1）以下是小猫中一部分Scratch脚本，来展现小猫出发采办干粮的行进和思考过程。

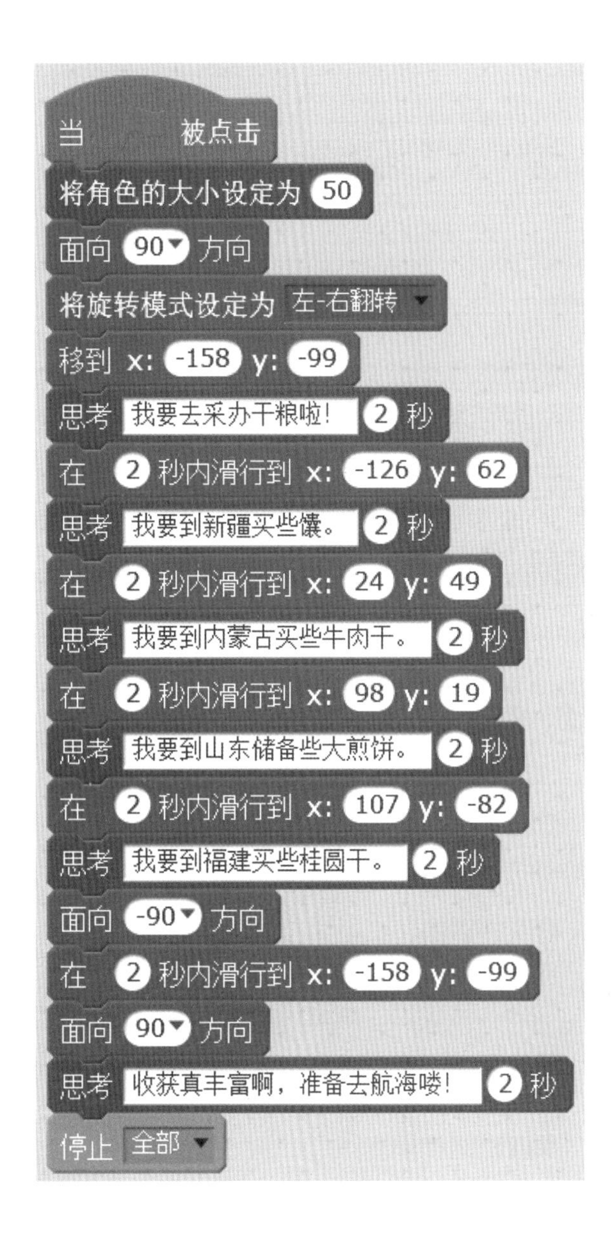

请回顾本章你用自然语言和流程图分别描述的“小猫出发采办干粮的行进和思考过程”，这段脚本和你设想的框架结构一致吗？如果结构上有不同的地方，请详细说明。

____

____

接下来，请你用Scratch程序设计语言来表达你为航海采办、储备食物的方案。

① 你预想到哪个区域采购食物呢？请根据设想的采购区域范围来选择合适的舞台背景。

② 你准备到具体哪些地方去采购哪些食物来为远航做准备呢？

③ 请与大家分享你选择采办这些食物的理由。

程序完成后，先来自测一下程序，并总结作品特色与亮点。

自测时发现的问题	如何解决	解决的结果 （完全解决/部分解决/无法解决）	总结作品特色与亮点

接下来与他人交换互玩程序，相互体验、欣赏作品，从技术、情节、造型、主题、界面、创意等方面多维度地进行评价，并给予改进建议。

<table>
<tr><td colspan="2">作品名称：</td></tr>
<tr><td>喜欢的理由：　□ 技术　□ 情节
□ 造型　□ 主题
□ 界面　□ 创意
详细说明理由：
①
②
③</td><td>给出的改进建议：
①
②
③
④
⑤
⑥</td></tr>
</table>

根据他人的评价和建议，进一步修正、完善作品。

他人具有建设性、启发性的建议与意见	本人根据左侧建议与意见的调整措施	修正与完善的效果

四、悟·帆

我们一起来回顾、检视本章的学习，请填写下表，左侧可继续自主添加学习回顾项目，右侧填写左侧项目的自检评价与个性化感悟。

学习回顾	自我检视
① 应用思维导图作为活动项目的图像式思考辅助工具。	
② 使用排序的可视化思考策略和方法来激活思维、辅助决策。	
③ 尝试使用自然语言和流程图来描述顺序算法。	
④ 使用外观模块中的指令来实现切换造型、设置角色大小、思考等。	
⑤ 理解坐标意义，并结合使用动作模块中的“移到……”、“在……秒内滑动到……”、“面向……方向”、“将旋转模式设定为……”等，来展现角色的精确位移与行动。	
⑥ 理解控制模块中的“停止”、“等待……秒”、“重复执行”等指令的功能与使用方法。	

第3章

谁的生日

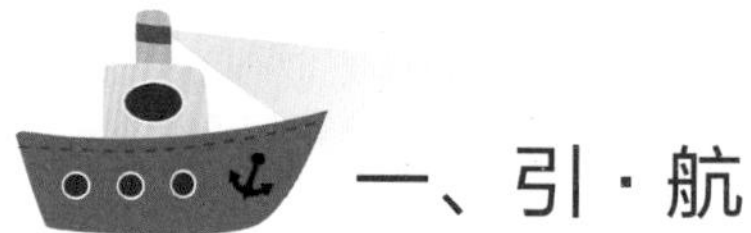

一、引·航

卡卡和小伙伴们在出航前集结在一起，举办一场团队出行前的聚会。恰巧今天是其中一位团队成员的生日，卡卡一进门遇到Scratch小猫，小猫让他猜猜看今天是哪位小伙伴的生日。卡卡猜到："是Cindy的生日吗？"小猫告诉他没猜对,说："请再想一想。"卡卡环顾了四周，歪着脑袋，想了又想……猛地恍然大悟，惊呼道："原来是……"小猫回应道："恭喜你答对了，点击下面的小装饰来美化蛋糕吧！"小猫提议大家挥动充满团队情谊的画笔来涂鸦或者写下生日祝福。于是，小伙伴们一起为小寿星DIY装饰、制作个性化的生日蛋糕，纷纷拿起笔留下对朋友美好祝愿的图文。你也是我们团队中的一员，生日聚会的名单里自然少不了你喽。请你打开"谁的生日.sb2"这个Scratch程序，猜猜看今天是哪个小伙伴过生日?

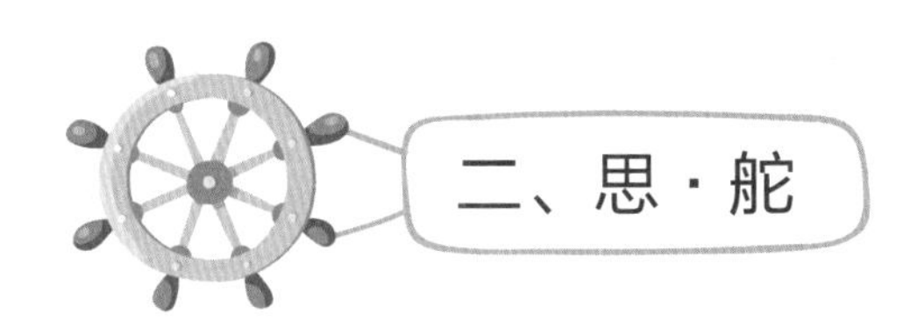

二、思·舵

你猜到小寿星是谁了吗？我们是这样计划和安排生日聚会的：如果环境空气质量指数(AQI)大于100，就在室内举办海洋诗词大会；否则，就去海洋水族馆游玩。

提出问题： 能否用顺序模式描述这个问题的算法？为什么？

提示：顺序模式严格按照先后顺序执行各个步骤。执行一个处理步骤后，顺序执行下一个处理步骤。这个问题需要做出判断，根据给定条件是否成立而决定执行不同步骤。

我们尝试着对情境中的问题（判断条件、条件成立与否所执行的步骤）进行分析。

条件	环境空气质量指数AQI是否大于100
条件成立时	在室内举办海洋诗词大会
条件不成立时	去海洋水族馆游玩

下面我们一起来探讨除了顺序结构以外，**算法的基本结构之二——分支结构（选择模式）**。

我们使用流程图来描述“生日聚会的计划安排”这个问题，会用到判断框◇来表示条件判断的情况，通常菱形框上方的顶点用来表示入口，其余的3个顶点可以用来表示出口。判断框有一个入口和两个出口。

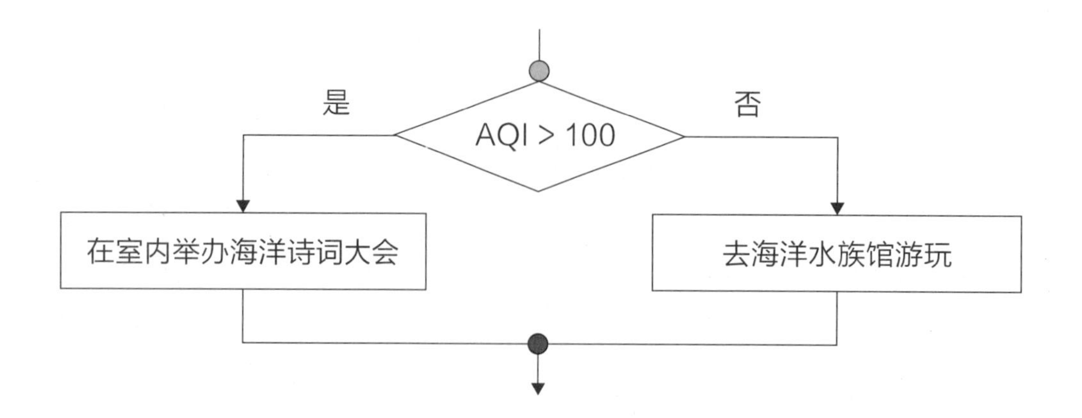

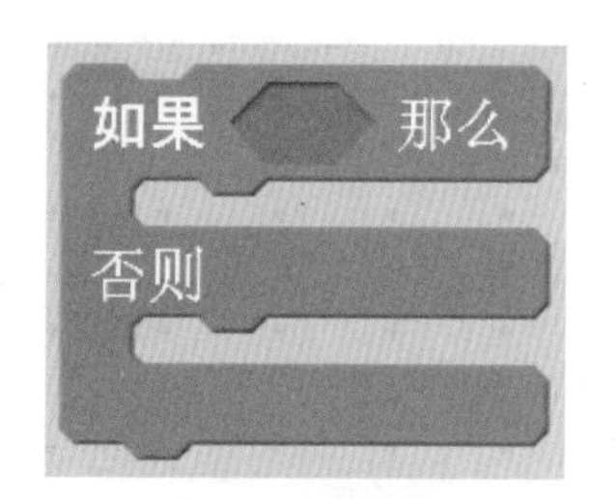

上图是一种双分支结构，条件判断的是、否结果左右分列，根据给定条件是否成立，分别执行不同语句块。分支结构有判断框和汇聚点，判断框是分支结构的开始（绿点处），汇聚点是分支结构的结束（红点处）。执行分支结构时，在两条可能的路径中，根据条件是否成立而选择其中一条执行，分支结钩有一个入口和一个出口。如右图所示，控制模块里的这块Scratch积木可以对应双分支结构。

判断条件的写法很重要，条件的写法以及是否（Y和N）的位置都与执行语句之间有联动性，流程图也会根据不同的判断条件发生相应的变化。例如，对聚会方案这个问题，流程图也可以画成下图。

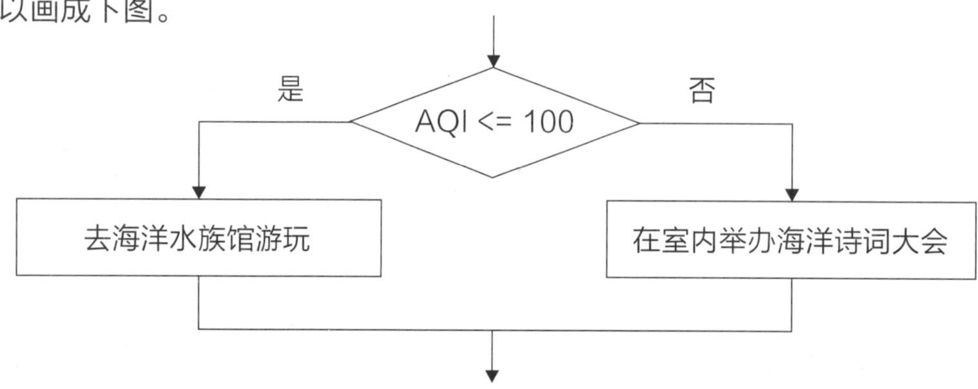

本章开始时请你猜猜今天是哪位小伙伴的生日，那么，现在请画出流程图来描述这个问题：当你猜中今天过生日的小伙伴的名字时，恭喜你答对了；如果没猜对，告诉你请再想一想。

分支结构中除了双分支结构以外，还有一种情况：当给定条件成立时，执行指定的语句块；当给定条件不成立时，直接退出分支结构。这样的分支结构可以称为单分支结构，流程图如下：

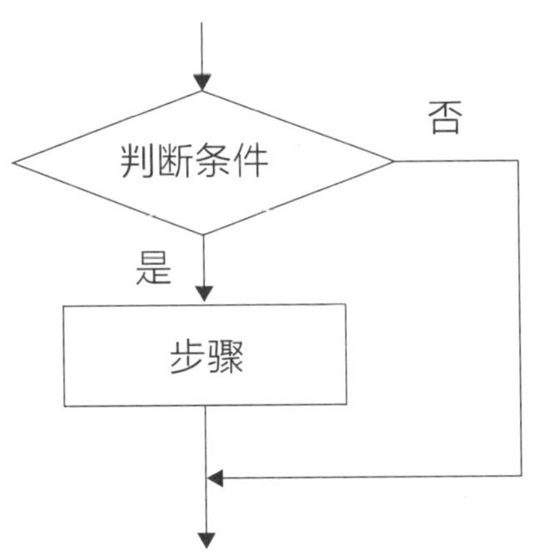

请你试着找出对应单分支结构Scratch积木块。

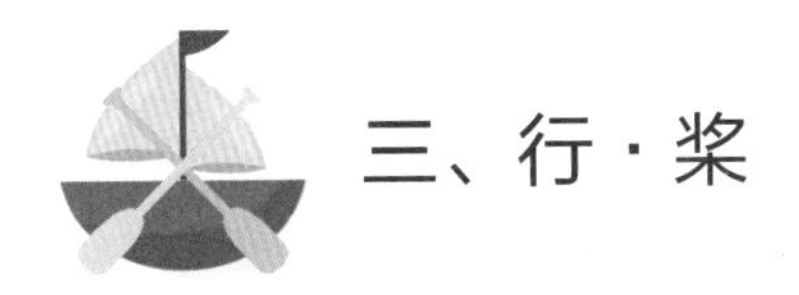

三、行·桨

1. 试桨

（1）侦测模块。

①“询问……并等待”与“回答”。

“询问……并等待”指令询问问题并等待，设置这个积木块的参数（具体问题），可以在白色区域中输入提出的问题，如下图所示。

询问 来猜猜今天是谁的生日呢？ 并等待

“询问……并等待”的呈现方式根据角色是显示还是隐藏会有所不同，下图是角色显示状态下的询问呈现形式。

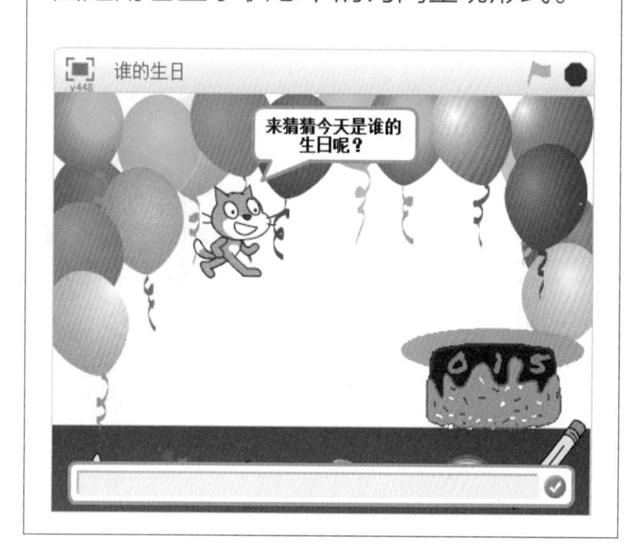

如果角色是隐藏状态，那么询问的呈现形式如下图。

用户根据询问的问题输入答案后，单击右侧的 ✔ 或按回车键，输入的答案会存储到“回答” 回答 积木中，然后继续执行之后的脚本。如果勾选回答积木 回答 前的方框，那么回答的内容就会显示在舞台上。

“回答”这个积木块没有缺口和凸起，一般无法单独使用，通常作为其他积木块的输入部分。

②“按键……是否按下”

“按键……是否按下”用来判断……按键是否按下，选择下拉菜单中的选项可以指定具体的按键参数，如右图所示。

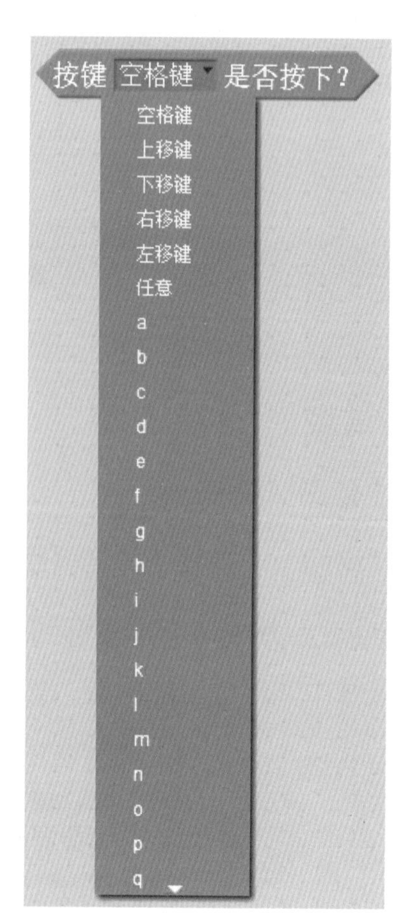

与圆角矩形“回答”积木块类似，“按键……是否按下”是没有缺口和凸起的六边形积木，请你找一找，类似无缺口的积木还有哪些？属于哪个模块？请你猜想是根据什么来规定积木的形状呢?

无缺口积木	积木形状	模块	规定积木形状的依据
鼠标的x坐标	圆角矩形	侦测	
下移鼠标？	六边形	侦测	
=			
……			

（2）运算符模块。

刚才请你找一些无缺口积木时，引出一块绿色的六边形无缺口积木 =，这也可以用来作为判断的条件。如果等号左右两边方框里的值相等，则条件成立。

请将下面的积木拼搭起来，也可以自主选择其他的积木块来实现：当你猜中今天过生日的小伙伴的名字时，恭喜你答对了；如果没猜对，告诉你请再想一想。

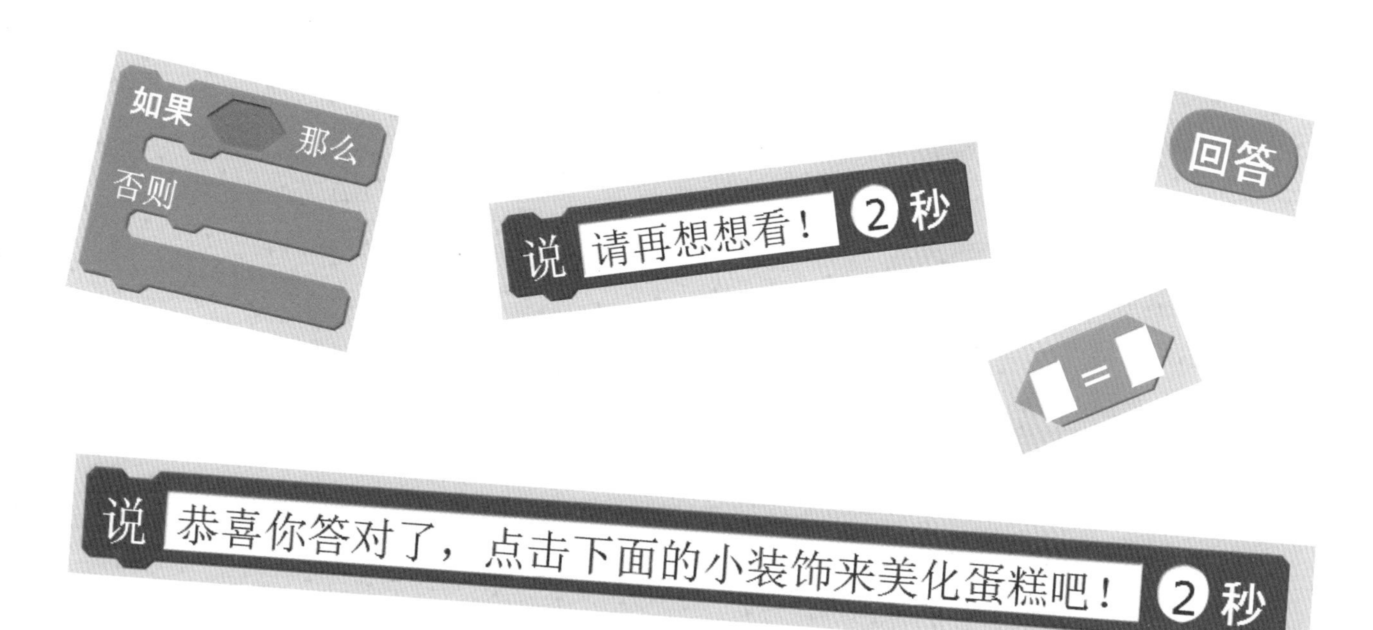

（3）画笔模块。

右侧这段脚本是生日聚会时画笔的部分脚本，小伙伴们用它来涂鸦、写下生日祝福。请试运行这段脚本，与大家交流画笔模块里下列这些积木的功能与使用方法，在分享的过程中不断修正自己的认知。

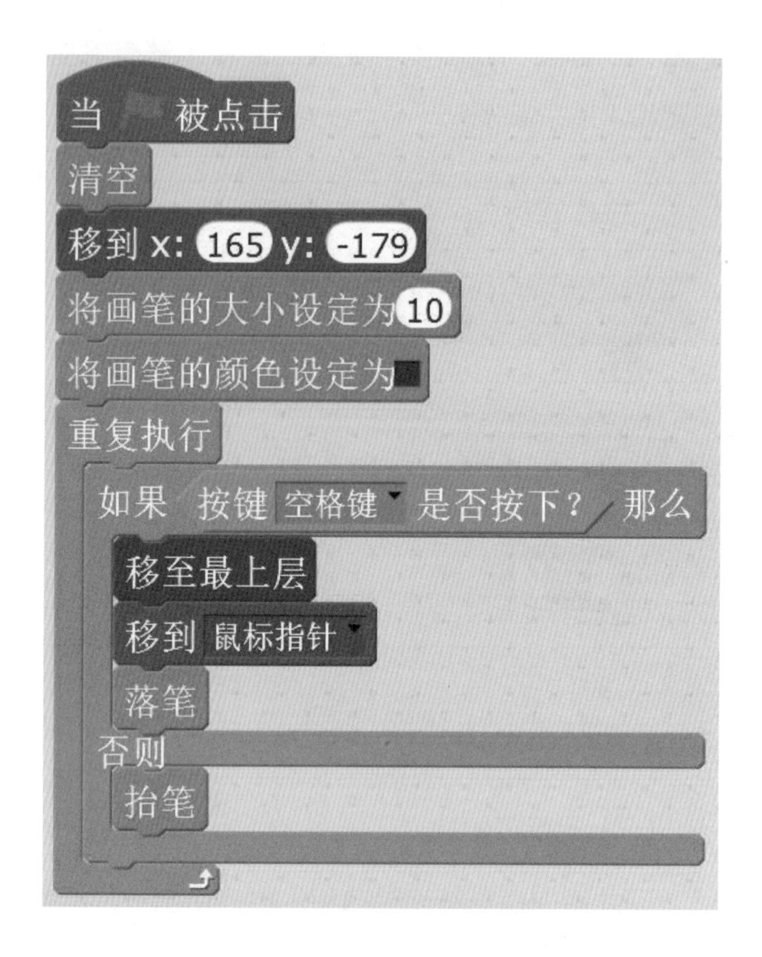

积木	积木的功能与使用方法		在理解画笔积木的过程中提供帮助的人/方法/工具有哪些
	试运行后认为	交流后修正为	
清空			
将画笔的大小设定为 10			
将画笔的颜色设定为			
落笔			
抬笔			

（4）事件模块。

①“当按下……”。

触发“当按下……”这个指令积木时，就会运行后续的脚本。单击黑色小三角出现下拉菜单，选择其中的选项可以指定具体的按键参数，如下图所示。

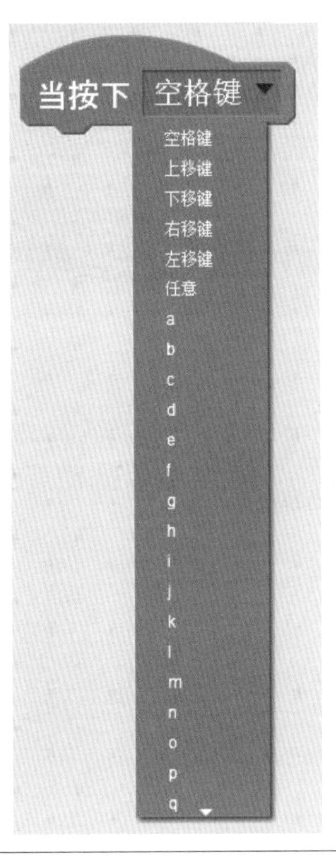

前面介绍了画笔的使用，但是如果画笔只能画出一种颜色、一样粗细的线条，是不是有些单调呢？我们结合“当按下”上移、下移、左移、右移键，可以在程序的运行过程中根据需要自由地改变画笔的粗细和颜色，如下图所示。

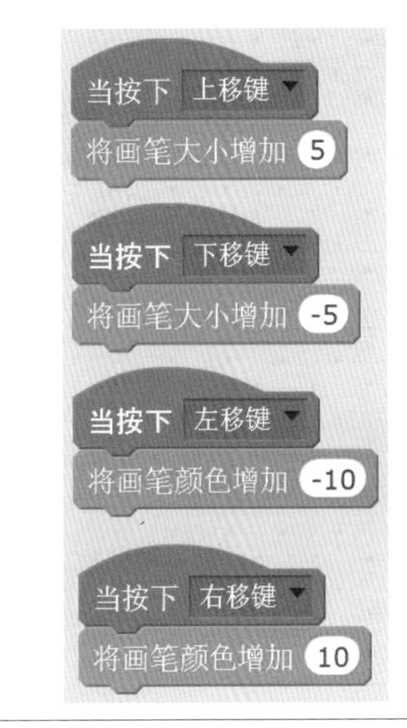

请尝试触发其他事件来使画笔更加缤纷多彩，可以更加自如地绘制出美丽的图画，你也来做个神笔马良吧！

②“当角色被点击时”。

除了涂鸦和为小寿星写下生日祝福，我们还要一起来DIY装饰、制作与众不同的蛋糕送给小伙伴，传递我们真挚的情谊。下图角色列表里的第一行是卡卡选择的一些小装饰物。

接下来请你选择喜爱的小装饰物来点缀蛋糕，并将下面的积木拼搭起来编制小装饰物的脚本，也可以自主选择其他的积木块来实现装饰蛋糕的情景。

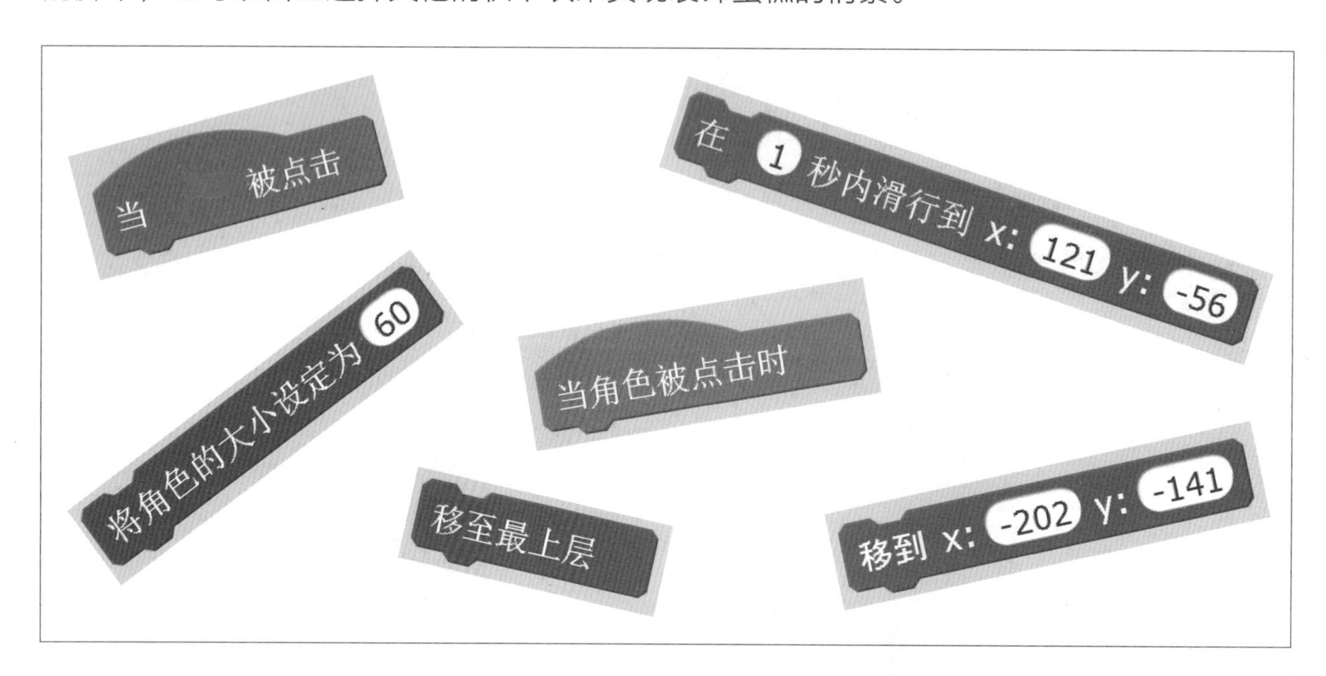

通过上面编制脚本的体验，请告诉大家 当角色被点击时 个指令的功能是什么？

它与 当按下 空格键 有哪些异同点？

---

2. 践行

之前请大家用拼搭积木来搭建猜猜是谁过生日的一部分脚本，现在让我们来看看机智的Scratch小猫的完整脚本，如右图所示。

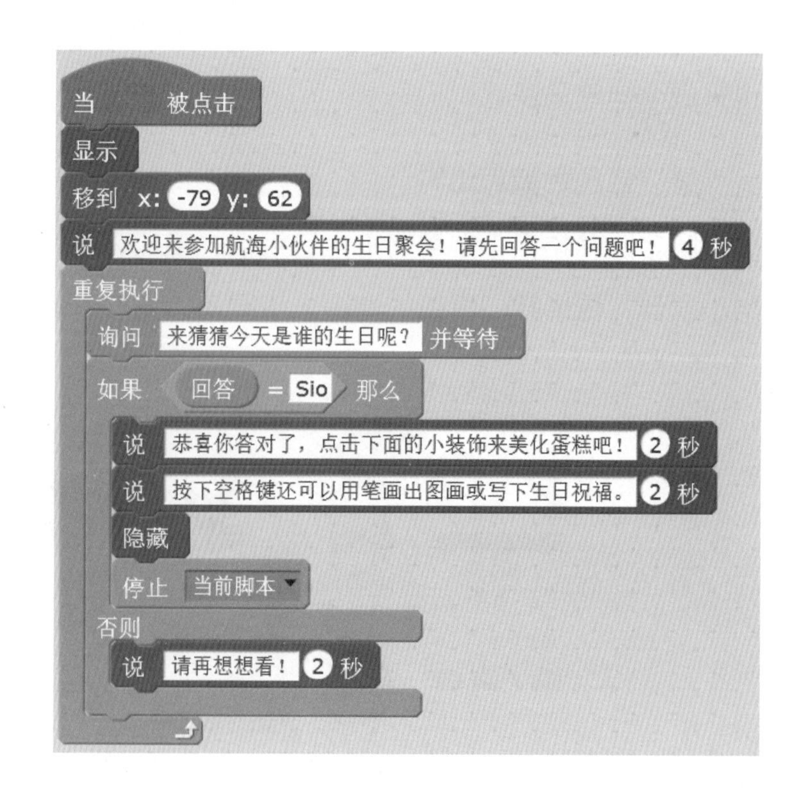

当回答正确时，暗藏玄机的蛋糕也发生相应的变化，蛋糕的脚本如下图。

请你查看其他角色的脚本，全面试玩、体验“谁的生日.sb2”这个作品中猜测小寿星是谁、装饰蛋糕、涂鸦生日祝福等情节，从技术、情节、造型、主题、界面、创意等方面多维度进行评价，并给予改进建议。

<table>
<tr><td colspan="2">作品名称：</td></tr>
<tr><td>喜欢的理由：□技术 □情节
□造型 □主题
□界面 □创意

详细说明理由：
①
②
③</td><td>给出的改进建议：
①
②
③
④
⑤
⑥
⑦</td></tr>
</table>

下面请你为小伙伴们策划一场生日聚会吧，其中有一个环节是之前提到过的海洋诗词大会。卡卡为此准备了一些角色素材上传到“海洋诗词大会初始.sb2”这个文件中，他打算请小伙伴们选择合适的字来完形填空，为诗句补全缺失的字词，如下图所示。你也可以根据自己的构想来重新规划、设计角色和情节。接下来就行动起来，让我们制作一款Scratch作品与小伙伴们来一场海洋诗词大会吧。

程序完成后，先来自测一下程序，并总结作品特色与亮点。

自测时发现的问题	如何解决	解决的结果 （完全解决/部分解决/无法解决）	总结作品特色与亮点

接下来与他人交换互玩程序，相互体验、欣赏作品，从技术、情节、造型、主题、界面、创意等方面多维度地进行评价，并给予改进建议。

<table>
<tr><td colspan="2">作品名称：</td></tr>
<tr><td>喜欢的理由：☐ 技术 ☐ 情节
☐ 造型 ☐ 主题
☐ 界面 ☐ 创意
详细说明理由：
①
②
③</td><td>给出的改进建议：
①
②
③
④
⑤
⑥</td></tr>
</table>

根据他人的评价和建议，进一步修正、完善作品。

他人具有建设性、启发性的建议与意见	本人根据左侧建议与意见的调整措施	修正与完善的效果

我们一起来回顾、检视本章的学习，请填写下表，左侧可继续自主添加学习回顾项目，右侧填写左侧项目的自检评价与个性化感悟。

学习回顾	自我检视
① 了解分支结构（选择模式）的基本思想和基本结构。	
② 经历分析问题、设计算法等阶段，逐步加深对使用分支结构来解决问题的理解。	
③ 能根据具体问题设置分支结构的判断条件和执行步骤，能解释分支结构执行的过程和结果。	
④ 理解并应用侦测模块中的“按键……是否按下”等指令作为判断条件。	
⑤ 使用侦测模块中的“询问……并等待”和“回答”指令相呼应，来实现交互问答。	
⑥ 理解事件模块中的 “当按下……”和“当角色被点击时”等指令的功能和用途。	
⑦ 熟悉画笔模块，理解抬笔、落笔的含义，尝试设置画笔的颜色、大小等。	

第4章

舰指沧海

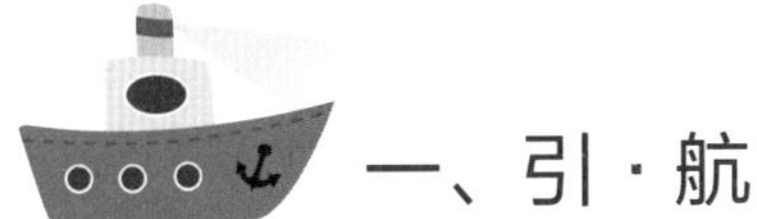

一、引·航

“乘风破浪会有时，直挂云帆济沧海”是“诗仙”李白在《行路难》中的诗句。前期出航准备都已就绪，食物储存充足，小伙伴们也集结完毕。卡卡邀请大家看看宝库里的备选船只，认识和了解它们的相关背景和特点。其中一艘舰具备4面大型相控阵雷达，有“中华神盾”的美誉。另一艘船伴随我国古代一位著名的航海家、外交家，开展了中国古代规模最大、船只最多、海员最多、时间最久的海上航行，要知道他的航海要早于葡萄牙、西班牙等国的航海家（如麦哲伦、哥伦布、达伽玛等人）。请你打开“舰指沧海.sb2”程序，自由选择喜爱的一艘船扬帆出海吧。

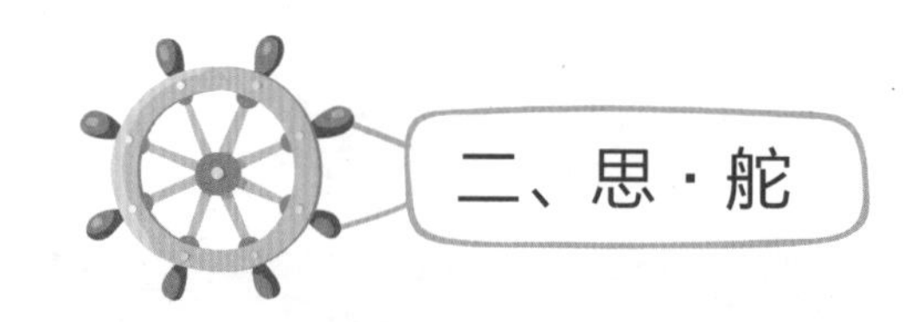

1. 关于选船决策

你可以自由选择伴你出航的船只，下图是两艘备选船只，在做决策前我们需要先来了解它们。请填写下面的表格，确定需求、研究问题、做出决策、说明方案。

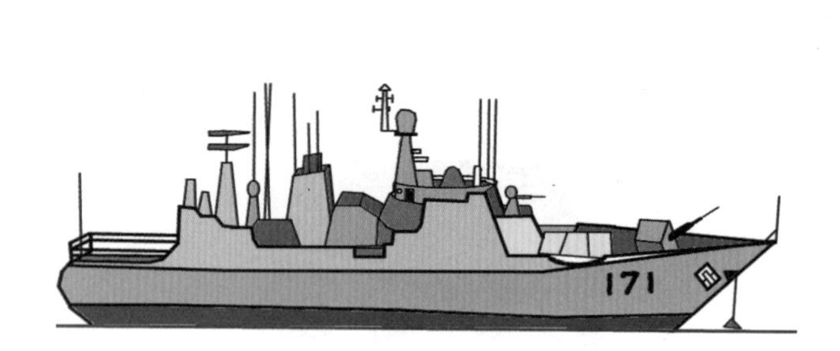

图1

图2

	船1（图1）	船2（图2）
确定需求（出航船只的预设要求）		
备选船只背景资料提示	本级舰具备4面大型相控阵雷达，使中国海军拥有了远程区域防空能力，有“中华神盾”的美誉。	我国古代一位著名航海家、外交家在早于葡萄牙、西班牙等国的航海家（如麦哲伦、哥伦布、达伽玛等人）时就率领船队，开展了中国古代规模最大、船只最多、海员最多、时间最久的海上航行。
搜索、查阅船只名称		
了解船只结构特点		
你的选择、决策（请在选择的船只单元格内打 ✓）		
说明选择的理由（请在选择的船只单元格内写下选择它出航的原因，在没有选择的船只单元格内写下哪些方面没有满足你远航的需求）		

2. 视觉隐喻

从知识可视化工具角度来看，视觉隐喻把理解的元素从已掌握的主体迁移到新领域，把信息有意义地组织起来，通过信息生动的组织与结构化、比喻的表达方式来建构和支撑有意义的学习和感悟。

我们先来听听卡卡从一艘船想到了什么。卡卡对我们说：“我觉得一艘船就像整个团体的组织系统，船首就像团队中的船长，是团队领导人，负责船舶安全运输生产和行政管理工作，保障船舶和生命财产的安全，果断、稳妥地处理应急情况。船尾像轮机长，负责全船机械、电力设备等的技术督导，保障各种设备保持良好的技术状态。锚像事务长，具体负责全船的生活服务工作，办理进出港有关手续和有关客运工作。舵用来操纵和控制船舶航向，像团队中的核心决策成员组，水手来执行操舵。桅杆可以类比为报务员，负责船上各项通讯工作，是整个团队的耳目，担当信息搜集、整理和处理职责……组织系统中成员们齐心协力，发挥团队的力量，才能保证航程顺畅、平安。”

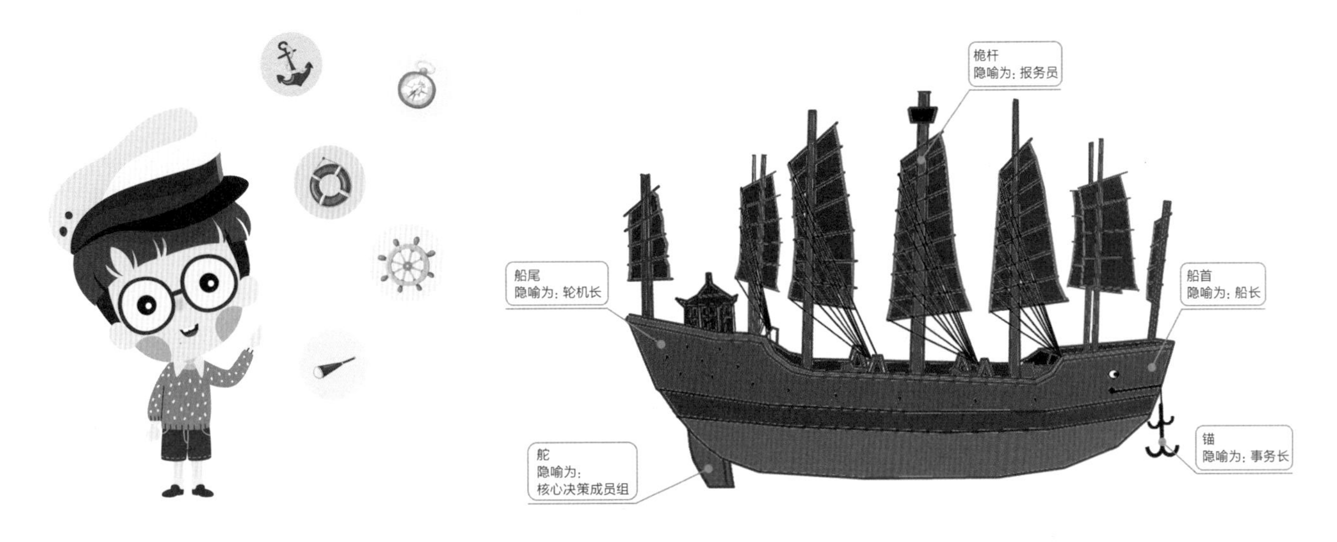

视觉隐喻可以映射为一项活动，如驾驶、远足等；可以隐喻为人造实体，如桥梁、天平等；可以隐喻为自然现象，如赤潮、彩虹等；也可以隐喻为抽象概念，如家庭、法律等。

请与大家分享你觉得船可以映射为怎样的视觉隐喻呢？

三、行·桨

1. 试桨

（1）事件模块：“广播……”与“当接收到……”等。

Scratch中的角色或舞台可以广播消息，其他角色接收到消息时，如果其脚本区中有当接收到……积木块，当消息名称与广播的消息名称相同时，会触发执行相应的后续指令。相关的指令如图3，在下拉菜单中选择新消息（如图4），然后输入消息名称（如图5），确定完成。“广播…….并等待”会等待所有的角色执行完和该广播相关的脚本后，才继续执行后续脚本。

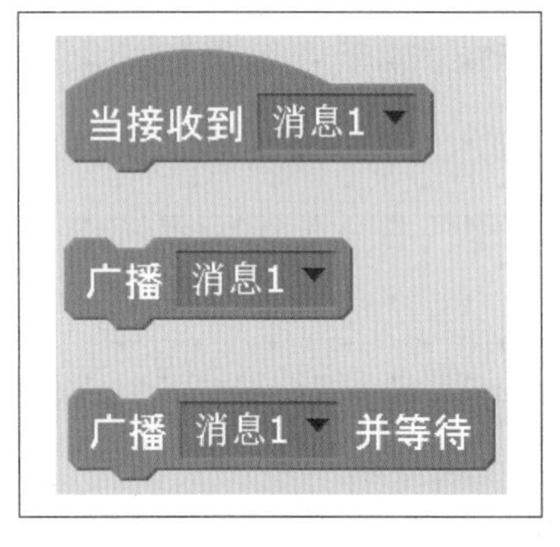

图3

图4

图5

应用广播机制可以协调不同角色间的互动以及多个情境环节的推进。

在“舰指沧海.sb2程序”中设计了3个场景和情节，见下面的3张图。图6表明在前两章里已经备好食物，小伙伴们也集结完毕，卡卡邀请大家点击箭头来看看宝库里有些什么船。图7表明在做选择前先认识和了解备选船只的相关背景和资料。图8表明自选喜爱的一艘船扬帆出海。

图6

图7

图8

卡卡规划和设计这3个情境时，使用了广播机制。

例如，从情境1推进到情境2时，卡卡使用了一个箭头角色  ，箭头角色的脚本如下。

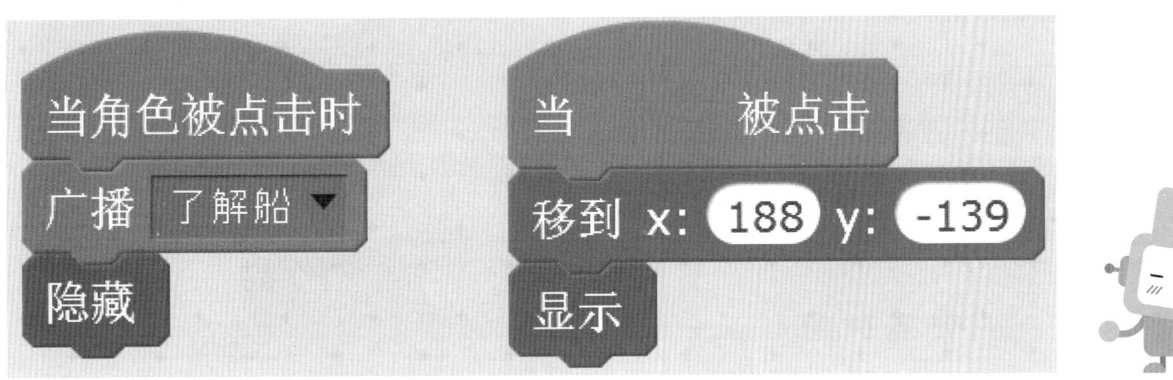

从情境2（认识和了解备选船只）推进到情境3（自选一艘船）时，卡卡使用了一个按钮角色 ，按钮角色的脚本是怎样的？请将下面的积木拼搭起来，也可以自主选择其他的积木块来实现情节的转换和推进。

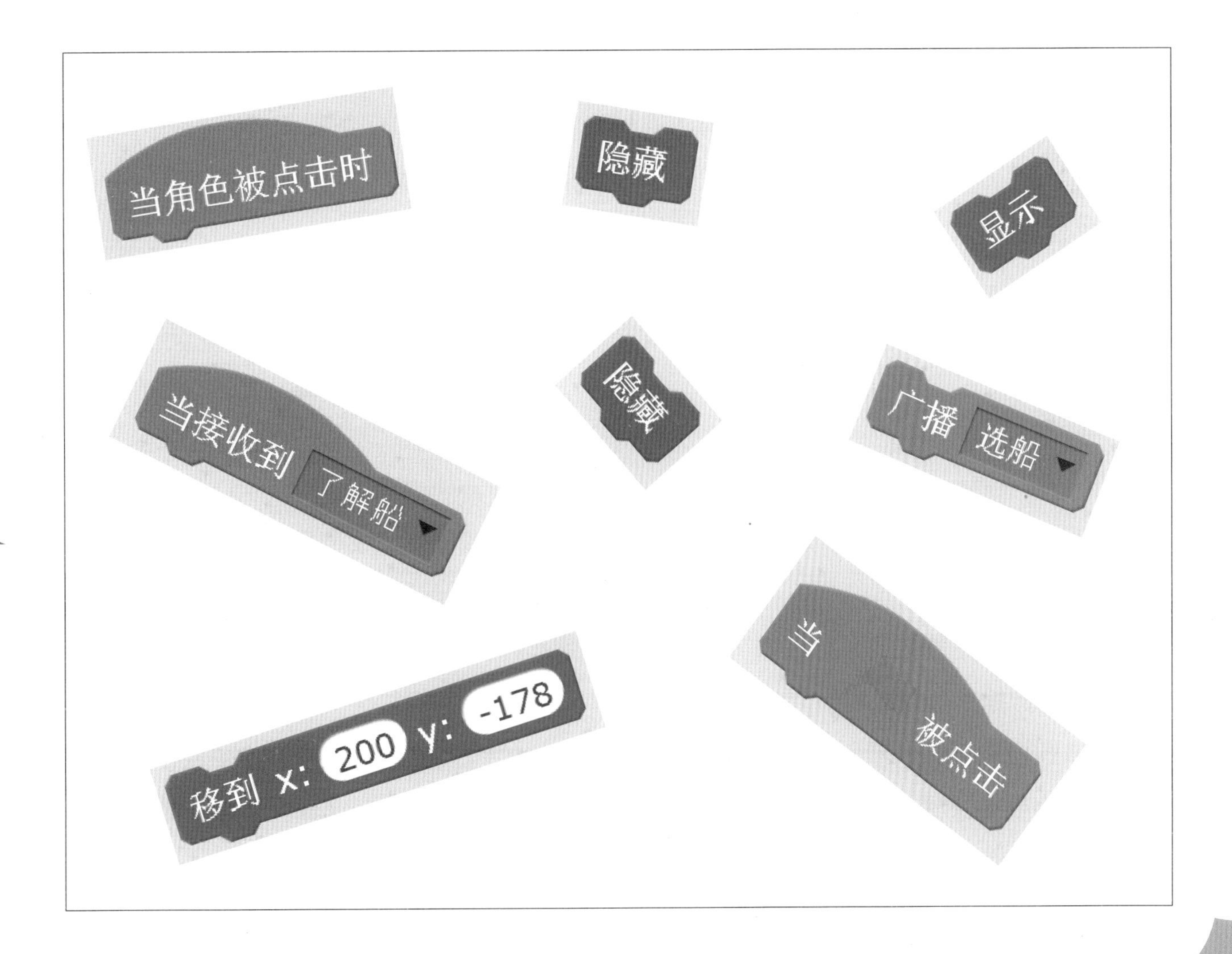

舞台或其他角色接收到广播，也会触发执行相应的脚本。例如，为3个不同的情境设计3个不同的舞台背景，如下图所示。

舞台的脚本如下图所示。

请思考其他角色接收到广播了解船和选船的消息后，会有什么反应？请尝试编制与相关角色对应的脚本。

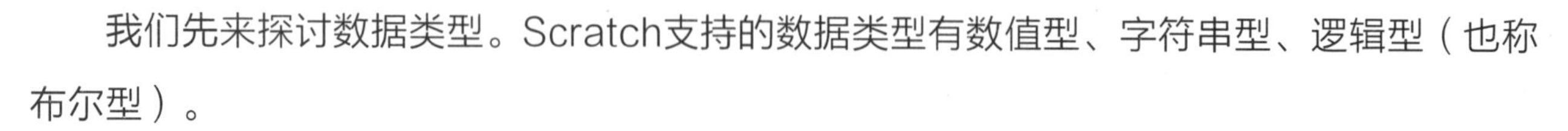

（2）运算符模块。

① 数据类型。

我们先来探讨数据类型。Scratch支持的数据类型有数值型、字符串型、逻辑型（也称布尔型）。

数值型可以是整数或实数，如4或4.6。字符串型中的字符可以是数字、字母或一些符号。逻辑型数据的值是真或假。

没有缺口和凸起的积木块，一般作为其他积木块的输入部分，通常并不单独使用。运算符模块中就有这样一些没有缺口和凸起的积木块，它们的功能是得到一个值，可以作为其他积木的参数。

在第3章中曾经启发大家思考过没有缺口和凸起的指令积木在具体外形上有差异，那么，是根据什么来规定积木的形状呢?

我们来回顾第3章中观察与识别的积木的形状有哪些?

这些没有缺口和凸起的积木块从形状上区分，有圆角矩形（如 ( )/( ) ）和六边形（如 < [ ] < [ ] > ）。圆角矩形积木块得到的数据是数值或字符串，六边形积木块得到的值是真或假。这类积木作为其他积木块的输入部分，请你找到参数凹槽与之配合的积木块，来为它们“找朋友”。

无缺口和凸起的积木块	积木形状	积木块得到的数据类型	参数凹槽可以与之配合使用的积木
( )/( )	圆角矩形	数值型	将画笔的颜色设定为 (0)
			说 [Hello!]
			在 < > 之前一直等待
（自主添加）			

②运算符：

运算符类型有以下4种类型。

算术运算符，如“+”（加）、“−”（减）、“*”（乘）、“/”（除）等。

字符串运算符，如连接等。

关系运算符，如“ <”（小于）、“=”（等于）、“>”（大于）等。

逻辑运算符，如与、或、不成立（非）。

逻辑运算规则见下表。

A	B	A 与 B	A 或 B
真	假	假	真
假	真	假	真
真	真	真	真
假	假	假	假

A	A不成立
真	假
假	真

③ 函数。

函数是程序设计语言提供给用户直接使用的一些小程序，Scratch提供了以下函数，如右图所示。

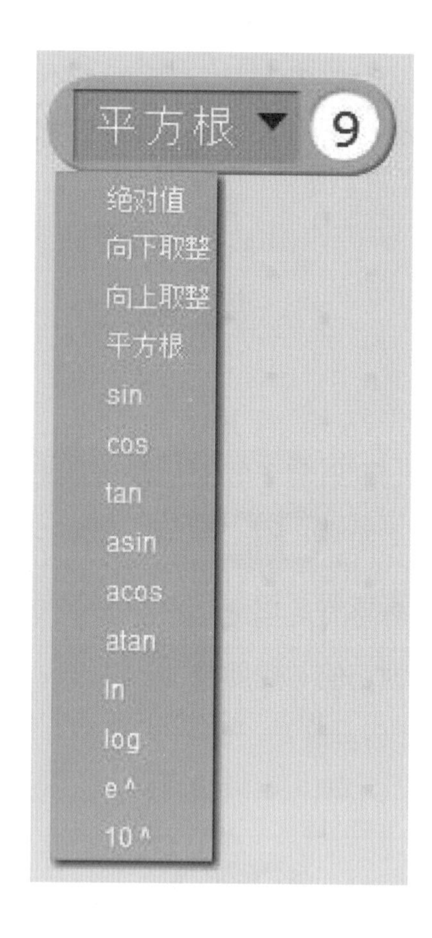

请尝试摆弄函数积木块，得出以下函数的值。

积木块	积木块得到的值
向下取整 ▼ 4.7	
向下取整 ▼ -4.7	
向上取整 ▼ 4.7	
（自主添加）	

2. 践行

卡卡在认识与了解船的情境和环节（见下图）中，是这样设计和规划的：请你把两艘不同的船拖动到各自正确的名字区域，如果操作正确，会进一步告诉你对应船只的背景资料和知识，否则需要重新更正操作。

以下是卡卡编制的郑和宝船

这个角色有关了解船这个情境的脚本。

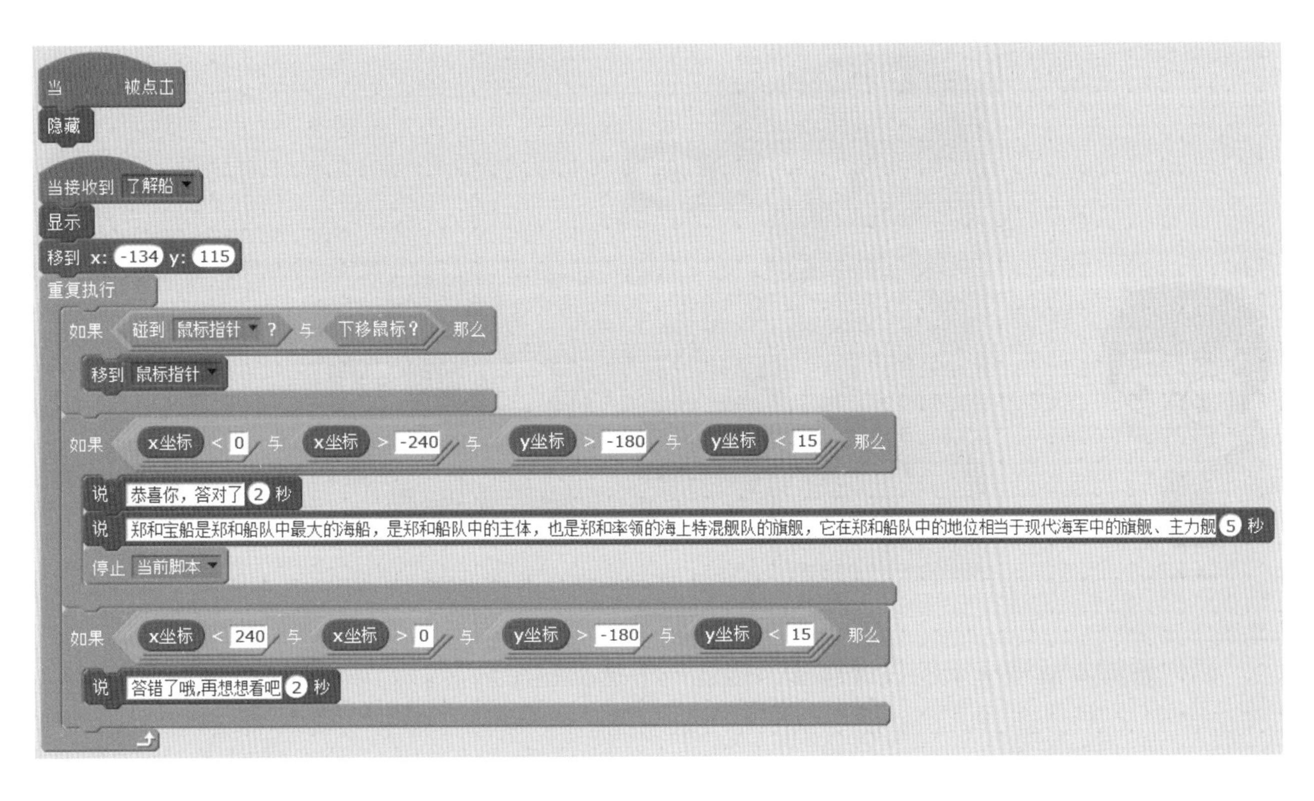

其中

积木块，请用表达式来描述。

____

____

____

作品的创作是一个不断迭代、逐步完善的过程，请在和大家一起分享体验了这段程序的设计之后，说说有哪些地方是你喜欢、并对自己接下来制作作品有启发的？有哪些地方还是有不足的？你想从哪些方面进行改进呢？

喜欢的地方：____；

喜欢的理由：____；

不足的地方：____；

如何改进：____。

这是卡卡设计的郑和宝船 

这个角色有关情境3（选船）的脚本。

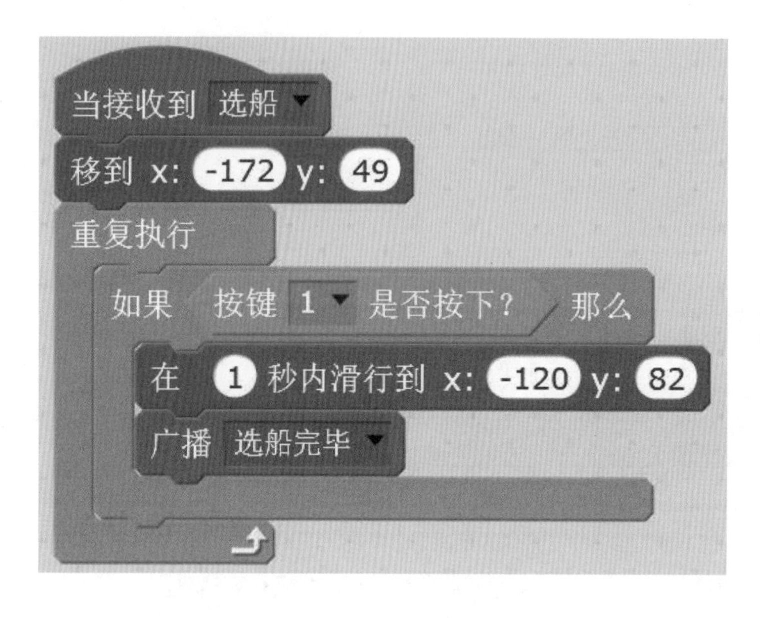

请你看脚本解读卡卡的设计意图，描述一下选船这个环节。

____

____

____

如果你来设计选船这个环节，会怎样构想和规划？

____

____

____

请你来实践，对另一艘船 

编制相关的脚本，实现3个情境和环节的顺畅推进，并自主加入个性化的设计和构想。

（1）请在作品中说明你选择具体哪艘船出航的原因。

（2）请对船（或具体某部件、构造）展开联想或隐喻映射，与大家分享你关于船的所思所感。

（3）可以个性化设计或加入你理想中的出航船只，自主构想并完善作品。

程序完成后，先来自测一下程序，并总结作品特色与亮点。

自测时发现的问题	如何解决	解决的结果 （完全解决/部分解决/无法解决）	总结作品特色与亮点

接下来与他人交换互玩程序，相互体验、欣赏作品，从技术、情节、造型、主题、界面、创意等方面多维度地进行评价，并给予改进建议。

<table>
<tr><td colspan="2">作品名称：</td></tr>
<tr><td>喜欢的理由： □ 技术 □ 情节
□ 造型 □ 主题
□ 界面 □ 创意
详细说明理由：
①
②
③</td><td>给出的改进建议：
①
②
③
④
⑤
⑥</td></tr>
</table>

根据他人的评价和建议，进一步修正、完善作品。

他人具有建设性、启发性的建议与意见	本人根据左侧建议与意见的调整措施	修正与完善的效果

四、悟·帆

我们一起来回顾、检视本章的学习，请填写下表，左侧可继续自主添加学习回顾项目，右侧填写左侧项目的自检评价与个性化感悟。

学习回顾	自我检视
① 理解并应用知识可视化工具中的视觉隐喻及其思维方法。	
② 运用事件模块中的“广播……”与“当接收到……”等来广播消息、接收消息，并启动相应的脚本。	
③ 理解各种数据类型的区别以及相关积木块的使用方法。	
④ 了解各类运算符（算术运算符、字符串运算符、关系运算符、逻辑运算符）的功能及使用方法。	

第5章

素雪竞帆

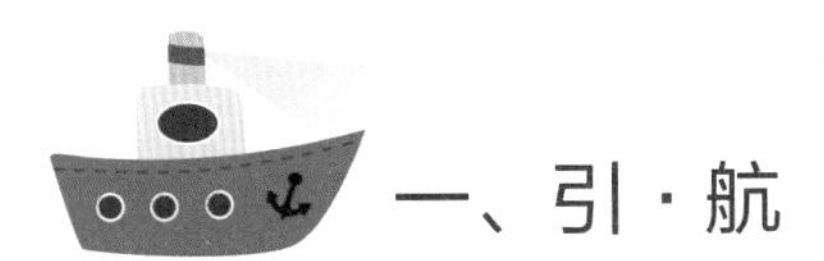

一、引·航

卡卡和小伙伴们在一个晴空万里的日子里出航啦！海洋上的天气复杂多变，需要随时利用气象服务、观测技术和设备来有计划地进行安全防御，保障航行顺利。一日，天上飘起漫漫雪花，一片片六角形的冰晶从天幕洒落……又一天，忙碌了许久的卡卡在晚餐后来到甲板上，蓦地几朵流星划过“天上的街市”，卡卡闭上了眼睛，在心中许下一个美丽的愿望……

在一个碧空如洗的午后，卡卡和小伙伴们准备在港口补充物资。预先联络提供船只补给的部门，对方回应说由于前期物流遇到突发情况，目前所剩补给物资已经不多了，与此同时，还有另一艘船只也提出补给要求。于是，只能是先到达港口的船只可以优先选择所需物资，两艘船开始展开竞速比拼……

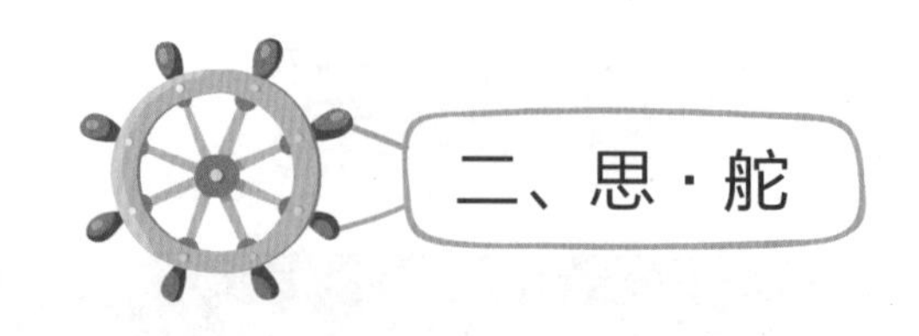

算法的基本结构之三——循环结构

在雪花飘落的过程中，雪花的垂直位置不断下降（雪花的y坐标不断减小），直至降落到比较靠下的位置为止。雪花的部分脚本如下图所示。重复执行某些操作、步骤的结构是循环结构，循环结构的三要素是循环初始条件、循环条件和循环体。循环的初始状态是指开始循环前对相关数据设定初始值，循环条件用来控制循环是否终止，循环体是循环中重复执行的步骤。设计循环结构算法时，需要综合考虑循环初始条件、循环条件和循环体，恰当地使用循环结构，可以减少源程序重复书写的工作量。

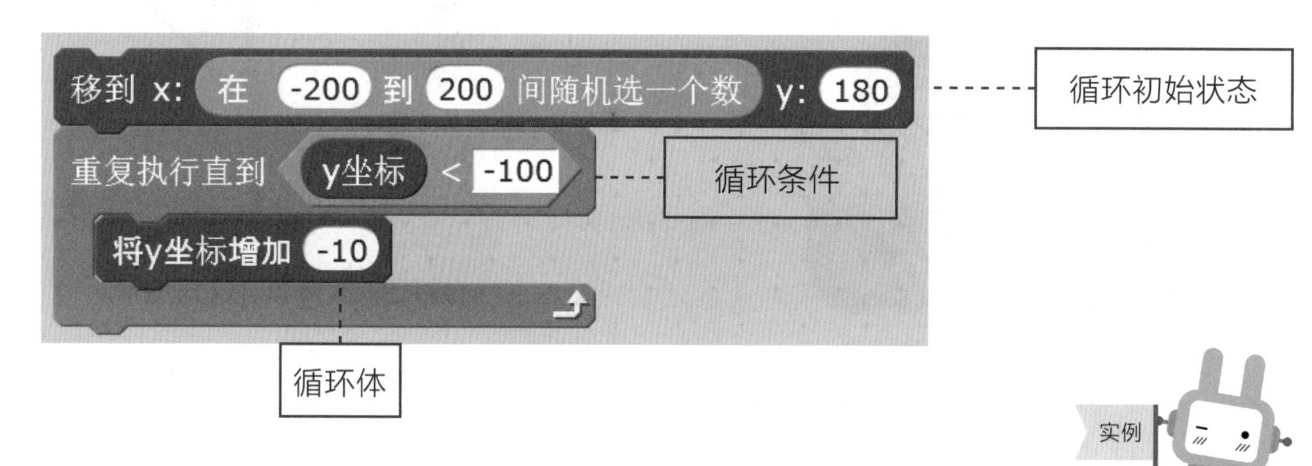

实例

除了雪花飘舞的情景，请再举出几个涉及循环结构算法的生活实例。

顺序结构、分支结构、循环结构是算法的3种基本结构，在解决具体问题时，往往需要综合运用这几种结构。例如，在循环结构中嵌套分支结构，右图是其中的一种嵌套形式，每次循环时如果测试条件成立，才执行其内部的积木块。

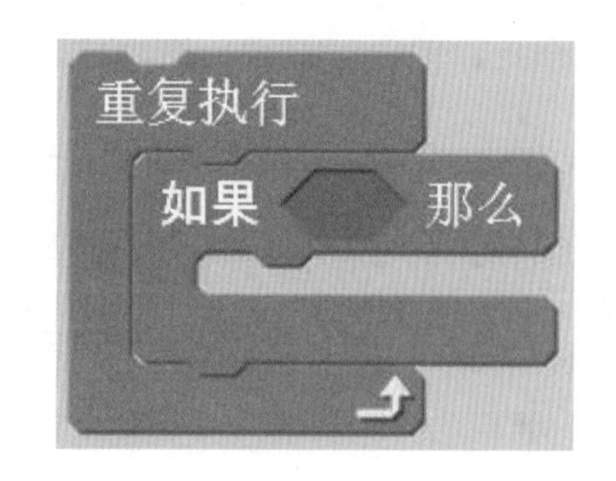

请你再举出几种算法结构组合使用的例子。

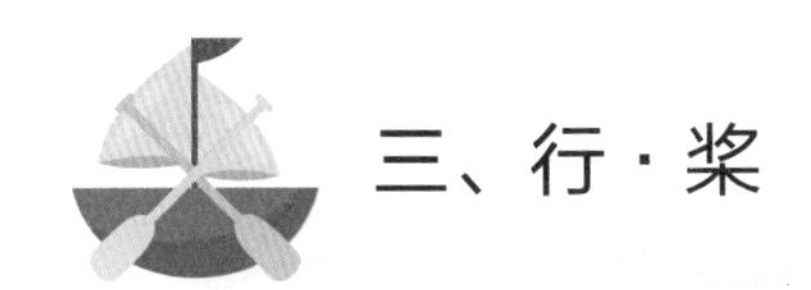

三、行·桨

1. 试桨

(1) 运算符模块："在……到……间随机选一个数"。

在 ( ) 到 ( ) 间随机选一个数

这块积木在运算符模块中，也是没有缺口和凸起的积木。每次会随机生成指定范围内的一个数。例如，下面这个积木块会随机地在2，3，4中选取一个数。

在 (2) 到 (4) 间随机选一个数

如果指定范围的参数中有任何一个是小数的话，那么，这个积木块会返回小数。请试试看，下面这个积木块会随机地返回哪些数字?

在 (2.0) 到 (4.0) 间随机选一个数

请把上方这块积木随机返回的数字记录下来。

____

展现雪花飘落过程时，对雪花的初始状态做了如下设置，雪花的部分脚本如下图所示。

```
将角色的大小设定为 (在 (50) 到 (80) 间随机选一个数)
移到 x: (在 (-200) 到 (200) 间随机选一个数) y: (180)
将 [虚像▼] 特效设定为 (在 (50) 到 (100) 间随机选一个数)
```

请与大家分享：上面积木块中使用了一些随机数积木块，你认为这里为什么使用随机数而不是固定值？与固定数值比较，使用随机数对于程序的呈现效果有哪些影响?

____

____

（2）外观模块：“将……特效设定为”。

Scratch外观模块中有设定角色特效的积木块，如右图所示，可以在下拉菜单中选择具体设置哪种特效。

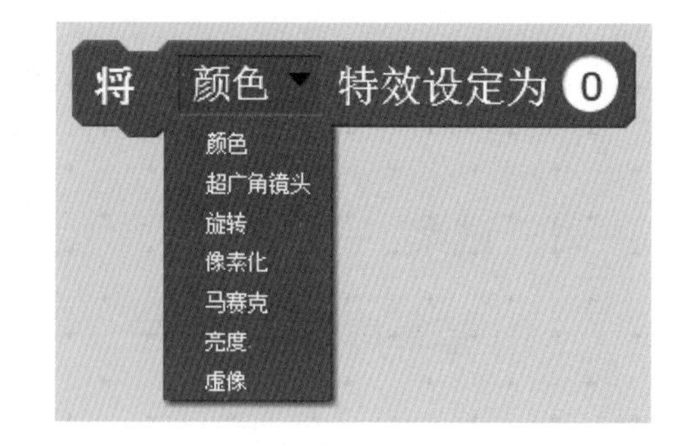

摆弄此积木块，试验 

角色在不同特效下呈现的效果。

特效类型	设置特效后呈现的效果、发生的变化
颜色	
超广角镜头	
旋转	
像素化	
马赛克	
亮度	
虚像	

编制脚本其实就是在诉说你想表达的话语，一块块积木是你表达时的工具和帮手，一些看似简单无奇的指令传递的是你对生活、周遭世界的观察与思考。下面请你找找看还有哪些与特效有关的指令，下表中第1行是卡卡试着编制的一段与特效有关的脚本，请你也来用特效来展现一些故事化的场景吧！

角色	设置了哪些特效	故事性、场景化描述
地球 Earth	循环增加地球的亮度，然后再逐渐减少它的亮度。（提示：为什么要等待0.2秒呢？如果不等待，效果会有什么差别呢？） 当 被点击 重复执行 重复执行 10 次 将 亮度 特效增加 10 等待 0.2 秒 重复执行 10 次 将 亮度 特效增加 -10 等待 0.2 秒	地球的昼夜更替

（3）控制模块。

①“重复执行”和“重复执行直到……”等。

Scratch循环结构的积木块有以下3种，如下图所示。

请摆弄以上几个积木块，与大家交流它们在执行次数、循环条件等方面有哪些异同？

____

____

____

②“克隆……”、“当作为克隆体启动时”和“删除本克隆体”。

恰当地运用克隆功能，可以有效地提高程序效率，与克隆功能有关的积木块有以下3种。

积木块	功能
当作为克隆体启动时	积木块的功能是当作为克隆体启动时执行后续的指令积木块。
克隆 自己	积木块的功能是创建自己或指定角色的克隆体，可以在下拉菜单中选择指定参数，克隆体继承了原角色的所有状态。
删除本克隆体	积木块的功能是删除该角色的克隆体。

为了展现雪花纷飞的场景，卡卡选取下面这些积木块，请将下面的积木拼搭起来，也可以自主选择其他的积木块来设计飘雪的情节。

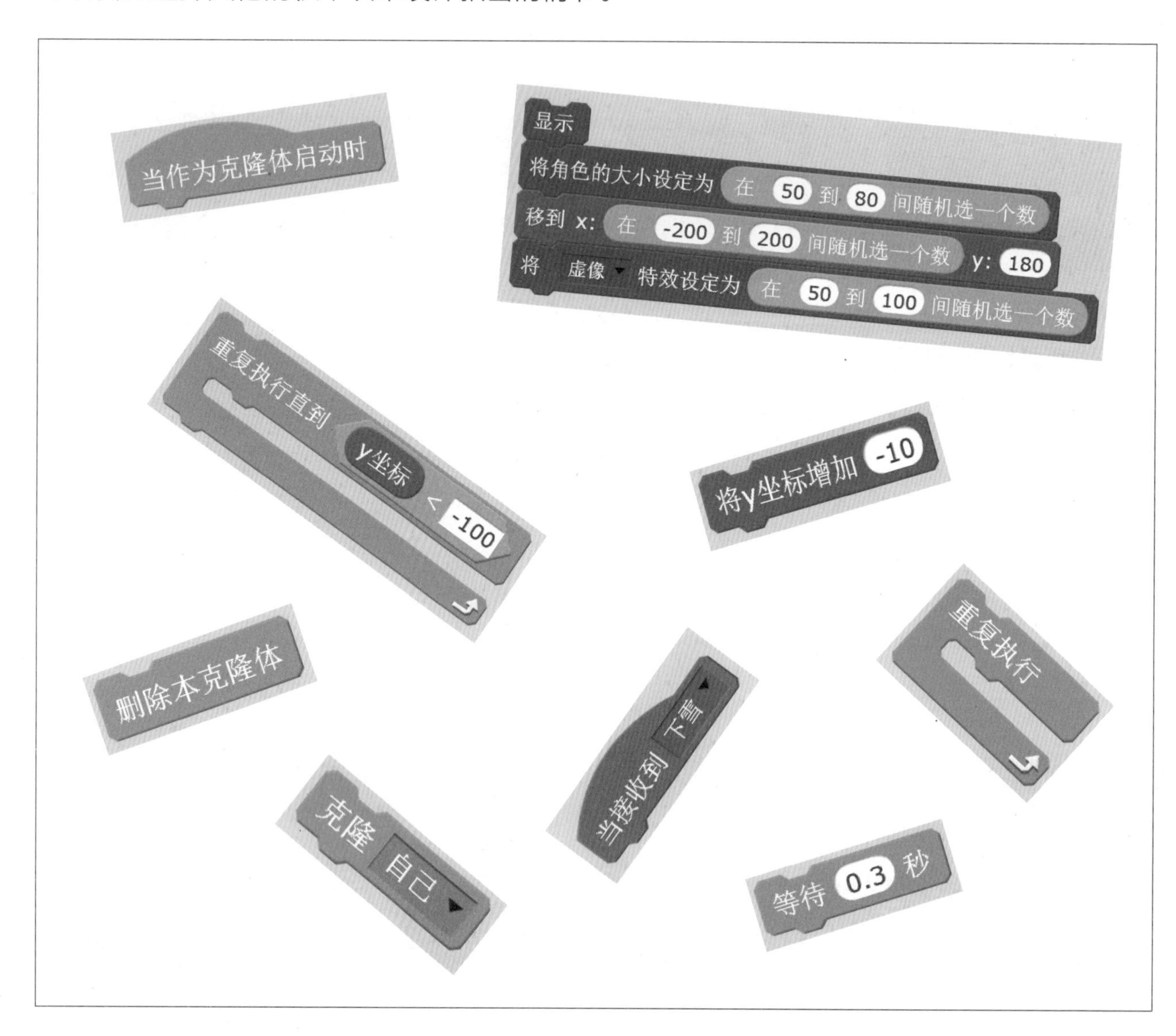

（4）侦测模块：“碰到……”。

侦测模块中的“碰到……”指令积木块是无缺口和凸起的六边形积木块，返回的值是真或者假，通常与其他积木块配合使用。

在“竞帆（自动）.sb2”程序中，两艘船自动行进，率先碰到终点线的船只胜出，界面如右图所示。

中华神盾的脚本如下图所示。

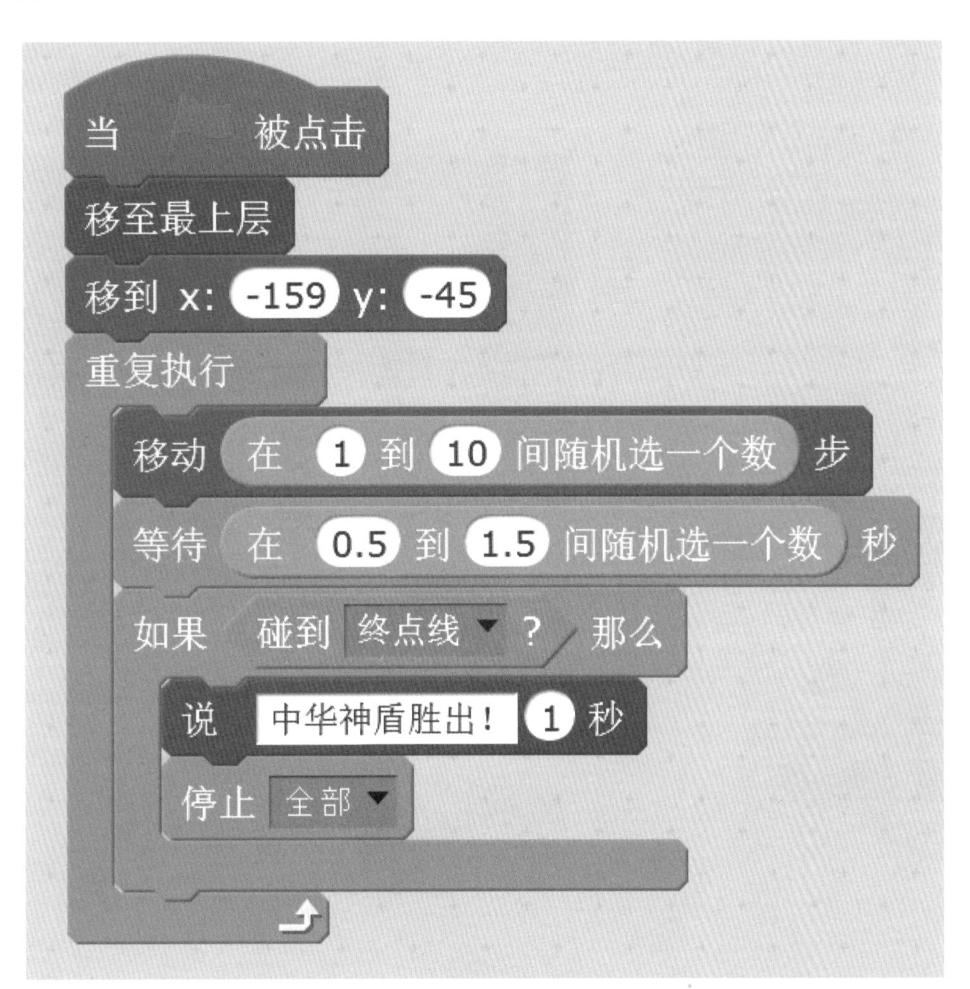

你在看了上述脚本之后，请来猜测和解读每次赛船的结果，并请编制郑和船的相应脚本。

如果你来设计赛船竞帆这个环节，会怎样构想和规划呢?

---

2. 践行

卡卡和小伙伴们在航程中遇到了飘雪、流星……卡卡创作了“素雪.sb2”这个作品来记录这一路的天气变幻，作品界面如右图所示。

舞台的背景规划如下。

郑和船的脚本如下。

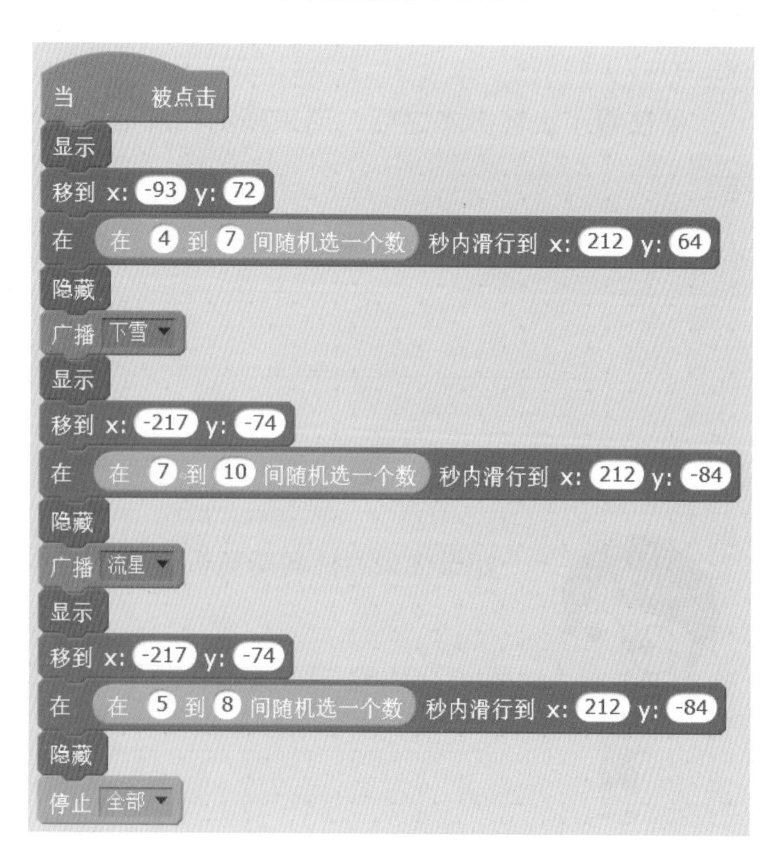

雪花的脚本如右图所示。

```
当 被点击
隐藏

当接收到 下雪
重复执行
    克隆 自己
    等待 0.3 秒

当接收到 流星
隐藏
停止 角色的其他脚本

当作为克隆体启动时
显示
将角色的大小设定为 在 50 到 80 间随机选一个数
移到 x: 在 -200 到 200 间随机选一个数 y: 180
将 虚像 特效设定为 在 50 到 100 间随机选一个数
重复执行直到 y坐标 < -100
    将y坐标增加 -10
删除本克隆体
```

流星的脚本如右图所示。

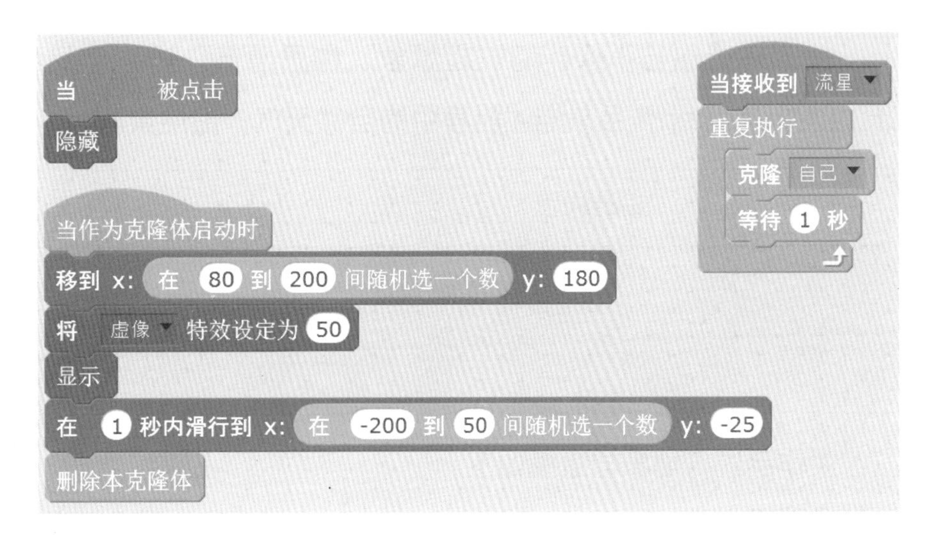

赛船竞帆的情节除了采用船只自动随机速度行进模式以外，卡卡还设计了双人手动竞速模式，在“竞帆（双人）.sb2”作品里中华神盾的脚本如右图所示。

```
当 被点击
移至最上层
移到 x: -179 y: -33

当按下 9
移动 在 1 到 10 间随机选一个数 步

当 被点击
重复执行
    如果 碰到 终点线 ? 那么
        说 中华神盾号胜出! 1 秒
        停止 全部
```

请你对卡卡的“素雪.sb2”以及“竞帆（双人）.sb2”作品，从技术、情节、造型、主题、界面、创意等方面多维度进行评价，并给予改进建议。

<table>
<tr><td colspan="2">作品名称：</td></tr>
<tr><td>喜欢的理由：　□ 技术　□ 情节
□ 造型　□ 主题
□ 界面　□ 创意
详细说明理由：
①
②
③</td><td>给出的改进建议：
①
②
③
④
⑤
⑥</td></tr>
</table>

接下来请你与小伙伴们一起想象、构思情节，讨论作品大纲，抽象与建模，共同设计、创作Scratch作品来描述航程中的自然天气、沿途景观等，并展开一场赛船竞技。

设计构思	制作规划

对作品进行抽象与建模如下。

场景表

场景	简介	角色列表	备注

角色表

角色	简介	外观	动作	……	角色间互动

程序完成后，先来自测一下程序，并总结作品特色与亮点。

自测时发现的问题	如何解决	解决的结果 （完全解决/部分解决/无法解决）	总结作品特色与亮点

请大家从技术、情节、造型、主题、界面、创意等方面来评价你的作品，并给予改进建议。

<table>
<tr><td colspan="2">作品名称：</td></tr>
<tr><td>喜欢的理由： □ 技术 □ 情节
□ 造型 □ 主题
□ 界面 □ 创意
详细说明理由：
①
②
③</td><td>给出的改进建议：
①
②
③
④
⑤
⑥</td></tr>
</table>

根据他人的评价和建议，进一步修正、完善作品。

他人具有建设性、启发性的建议与意见	本人根据左侧建议与意见的调整措施	修正与完善的效果

四、悟·帆

我们一起来回顾、检视本章的学习，请填写下表，左侧可继续自主添加学习回顾项目，右侧填写左侧项目的自检评价与个性化感悟。

学习回顾	自我检视
① 理解循环结构的逻辑并编程实现重复模式。	
② 应用运算符模块中的“在……到……间随机选一个数”指令，丰富作品的呈现形式。	
③ 尝试使用控制模块中的“克隆……”、“当作为克隆体启动时”、“删除本克隆体”等指令，有效提高程序的效率。	
④ 应用外观模块“将……特效设定为”等指令设置角色的特效，增强作品的表现效果。	
⑤ 理解并使用侦测模块中的“碰到……”等指令来作为判断条件。	

第6章

浩海迷障

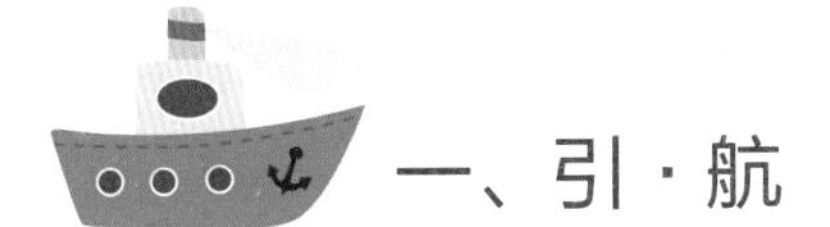

一、引·航

卡卡和小伙伴们在浩瀚的海洋中航行，有湛蓝的海水、顽皮的浪花相随，有时也会遇到一些暗礁险滩。虽然在诗人笔下，礁石“站在那里，含着微笑，看着海洋……”，但是发生船只触礁会非常危险。如何躲避这些礁石障碍呢？Scratch小猫设计了手动控制模式来避障，根据障碍物具体位置手动调节行船方向。鱼通过身体两侧的感觉器官——侧线可以感知水流的速度与方向、水压的大小、水中物体的位置等，从而感测自己是否接近礁石、岸壁等障碍物。卡卡受到鱼类避障的启发，于是设计了船只的自动避险模式，在探知船体即将接触礁石时自动绕礁而行。

卡卡和Scratch小猫正在演练避礁绕行，旁边驶过一艘大油船，突然一个浪头打来，大油船不小心撞上一块礁石，原油溢漏到海洋里，迅速扩散形成油污阵，危及各类海洋生物的安全。一条外出游玩的小鱼正准备回家，被重重油污挡住去路，它有些害怕与无助，焦急万分地想回到父母身边……请你来试玩卡卡和Scratch小猫设计的“礁石（自动）.sb2”、“礁石（手动）.sb2”、“油污阵.sb2”这组作品，来体验航行中的艰难险阻、穿越重重迷障吧！

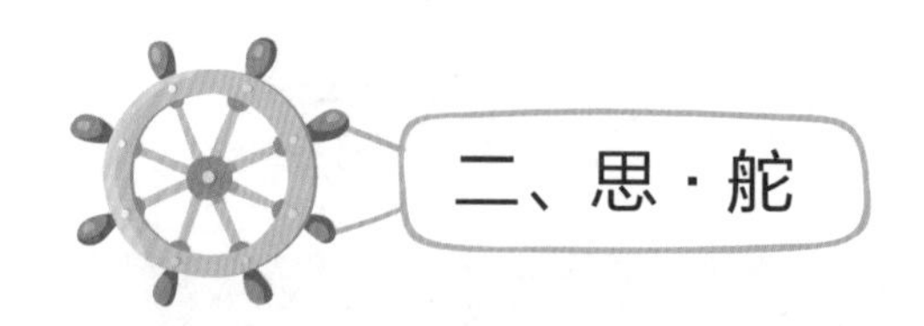

思维的发散与聚合（一）

思维的多维外向发散沿着许多不同的方向扩展，有助于获取灵感、发现创意，为后续的聚合思维提供较多的选择方案。请以浩海迷障为主题展开联想，把想到的元素填在下图的圆圈内。

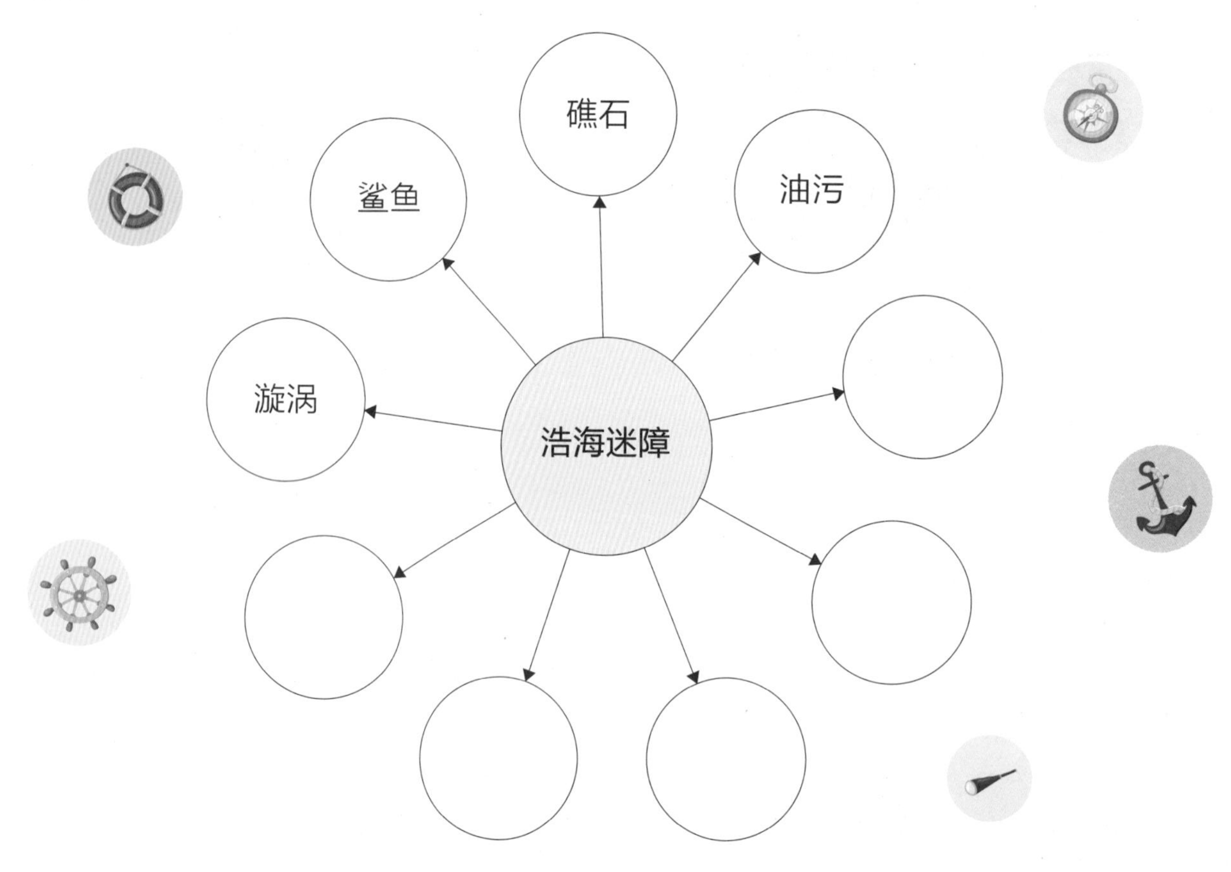

在前面收集与思维目标相关信息的基础上，进行分析清理与筛选，请你选择其中的4个素材图形化，进行抽象、概括、聚合，制作创意作品。例如，卡卡选了下面4个元素，请你也使用4个素材的图像构思作品。

礁石

鲨鱼

油污

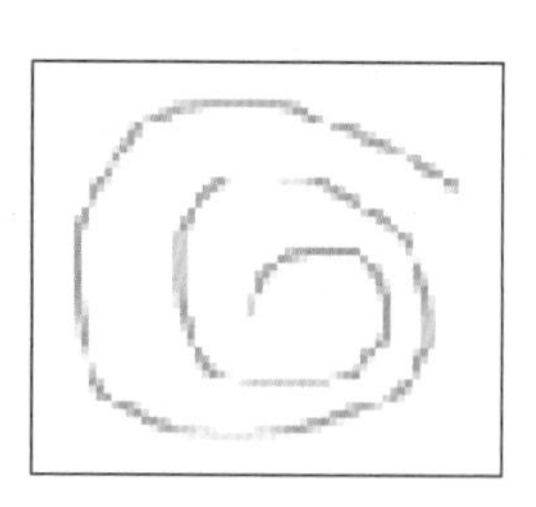

旋涡

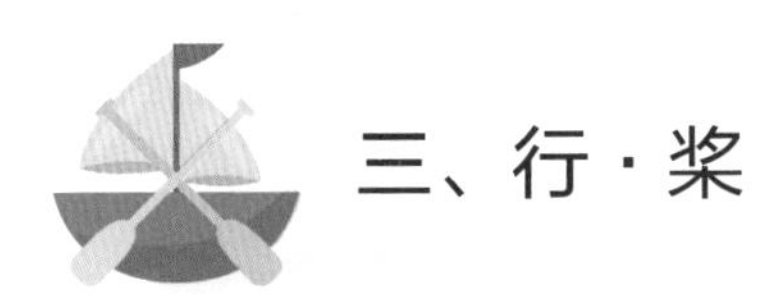

三、行·桨

1. 试桨

(1) 声音模块。

在角色或舞台的声音标签页中，可以从声音库中选取声音、录制新声音或从本地文件中上传声音，如右图所示。

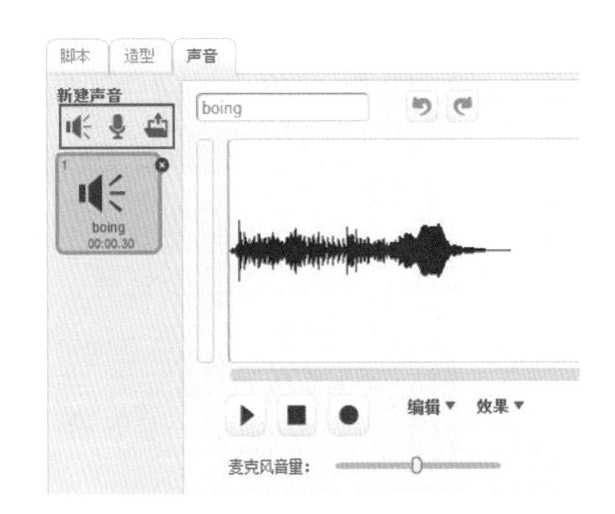

声音库中准备了以下这些类别的声音，如下图所示，使用者可以根据需要为作品添加合适的声音。

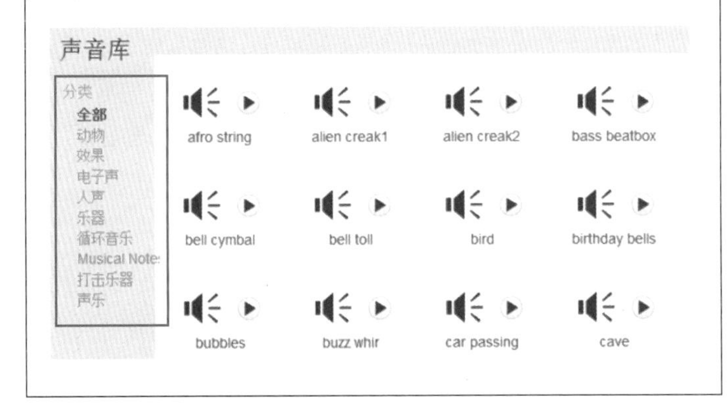

使用者也可以自如地录制新声音来个性化地创作，以下这幅图片是录制新声音过程中的程序界面。

使用者从声音库中选取声音、录制新声音或从本地文件中上传声音之后，还可以进一步编辑声音、设置效果，在下拉菜单中分别有以下选项，如右图所示。

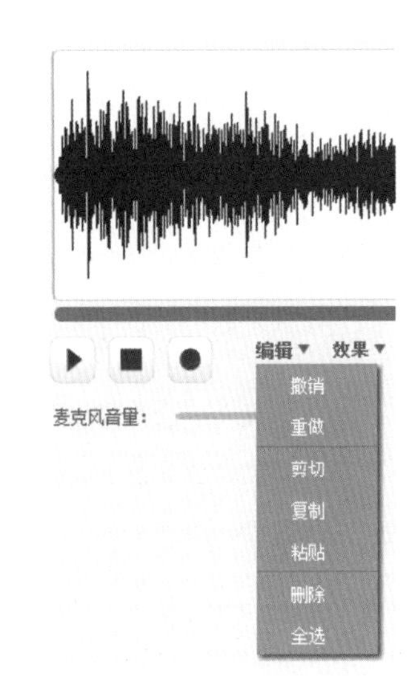

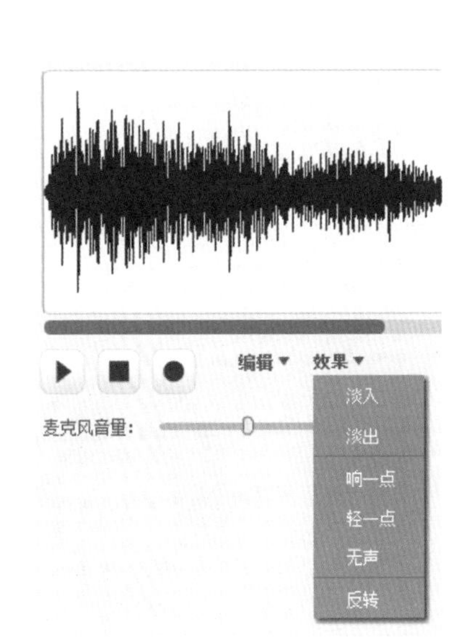

在卡卡设计的“礁石（自动）.sb2”程序中，船只刚碰到礁石或边缘时会发出一声声响来提示危险，下图是船只的部分脚本。

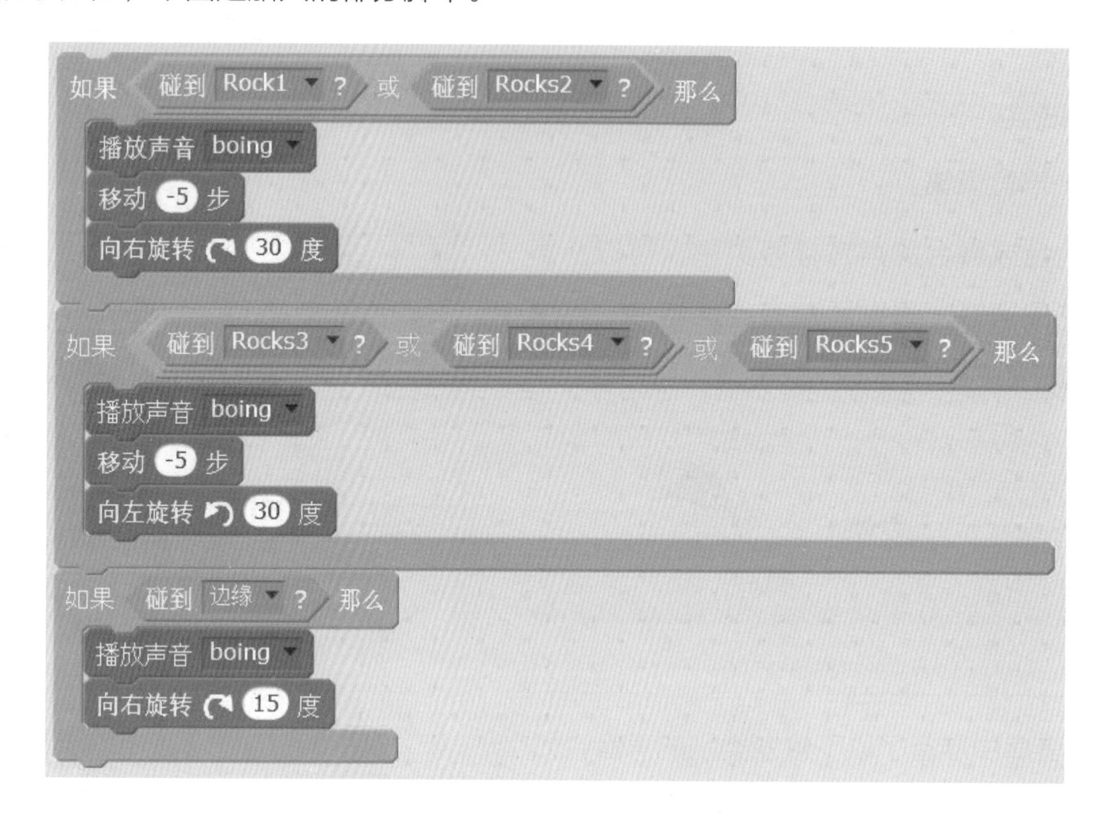

在Scratch的声音模块中，与播放声音有关的指令如下图所示。请你来摆弄这组积木块，试试它们的效果。

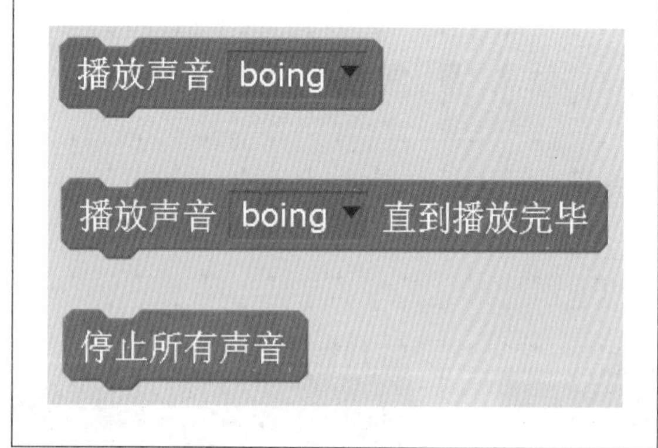

在声音模块中还包含弹奏鼓声或音符、设置音量、节奏、乐器等指令，弹奏鼓声的指令能够以指定节拍弹奏18种音色，如下图所示。

弹奏音符指令用来弹奏指定节拍的音符，可以在音符输入框中直接输入参数，也可以直接单击下拉菜单来选择，中央C的值是60，弹奏音符的值与唱名、简谱音名的对照图如下。

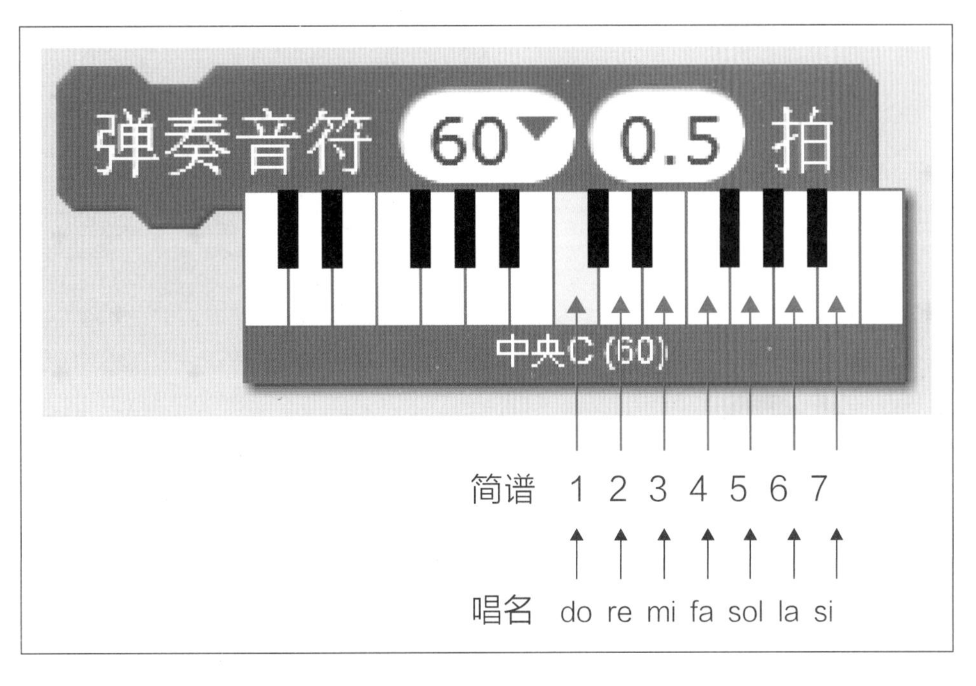

Scratch可以弹奏各种乐器的音符，“设定乐器为……”指令可以根据作品的设计要求选择合适的乐器，单击黑色三角形箭头，可以指定各种乐器，如选择“1”则代表钢琴。

请你为礁石这组程序设计恰当的声效、音乐背景等有声元素，使作品的呈现形式更加多元与有趣。

（2）侦测模块。

Scratch小猫设计的“礁石（手动）.sb2”程序界面如右图所示。

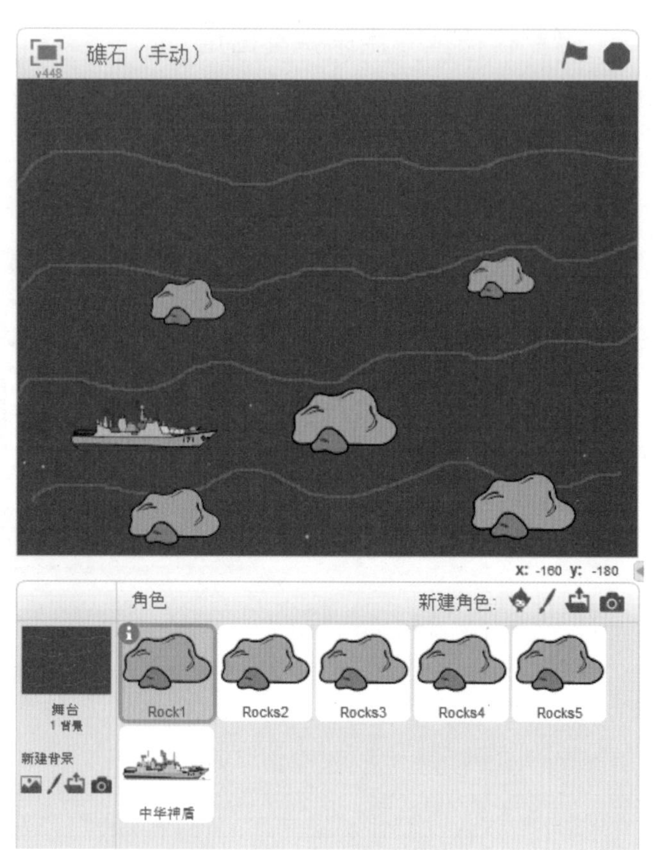

中华神盾的脚本如下图所示，使用者可以用按键控制船只的前进以及方向。

```
当 被点击
显示
面向 90 方向
移到 x: -253 y: -93

当按下 上移键
向左旋转 15 度

当按下 下移键
向右旋转 15 度

当 被点击
重复执行
    如果 按键 右移键 是否按下？ 那么
        移动 1 步
    如果 碰到 Rock1 ？ 或 碰到 Rocks2 ？ 或 碰到 Rocks3 ？ 或 碰到 Rocks4 ？ 或 碰到 Rocks5 ？ 那么
        播放声音 boing
        移动 -5 步
```

上面这段脚本里，侦测模块中的“按键……是否按下”指令、“碰到……”指令与逻辑运算符组合使用作为判断条件，并且使用循环结构嵌套分支结构来实现有条件的重复执行。请你与大家分享：“碰到……”指令与逻辑运算符组合起来使用的判断条件有哪些特点？返回的逻辑型（布尔型）值的规律是什么？

我们再来看看卡卡编制的“礁石（自动）.sb2”程序里中华神盾的脚本，如下图所示。

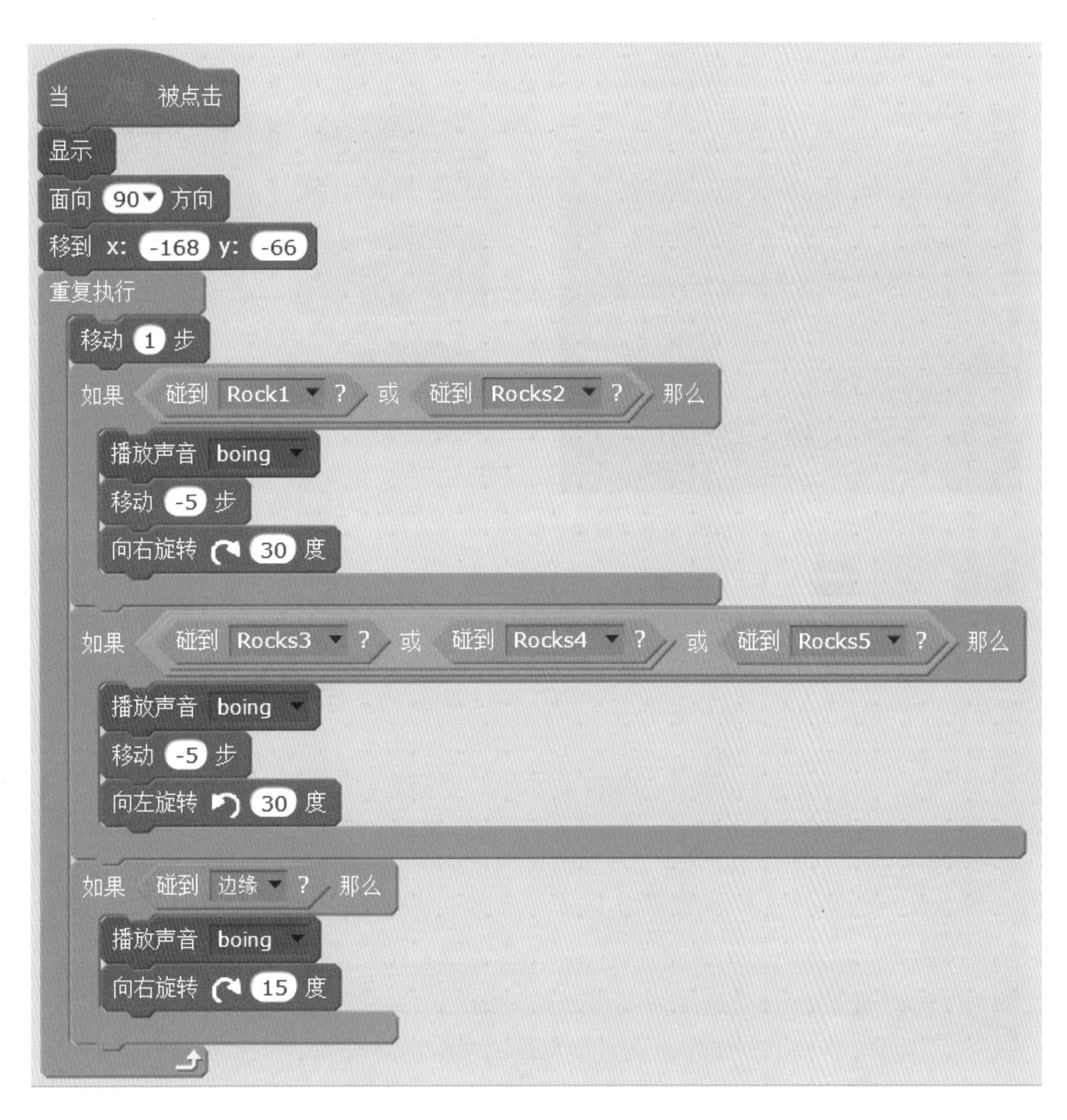

Scratch小猫凑上前来试玩卡卡编制的“礁石（自动）.sb2”。它对卡卡说：“船已经碰到礁石再做反应会不会迟了点，不够安全啊……”卡卡琢磨了一会儿，在侦测模块里摆弄起积木块，渐渐地把注意力聚焦在 到 鼠标指针 的距离 这块积木，

它的下拉菜单里有以下选项：

请你来帮卡卡改进一“礁石（自动）.sb2”脚本，提高船只避礁航行的安全系数。

卡卡还设计了一款“油污阵.sb2”作品，程序界面如下。

油污阵设置了不同的关卡，油污阵的脚本如下图所示。

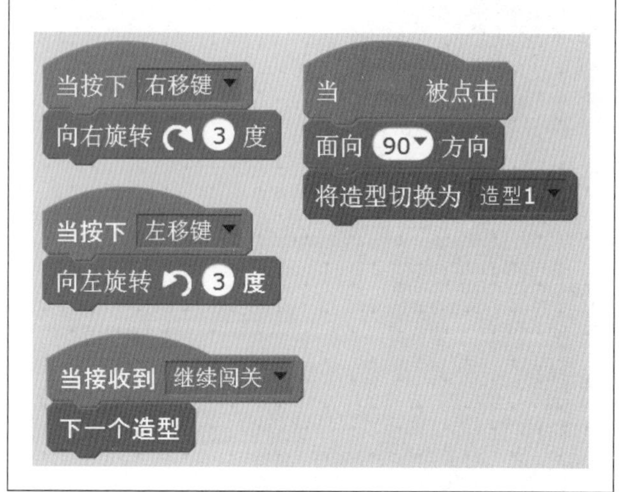

小鱼的脚本如下图所示。

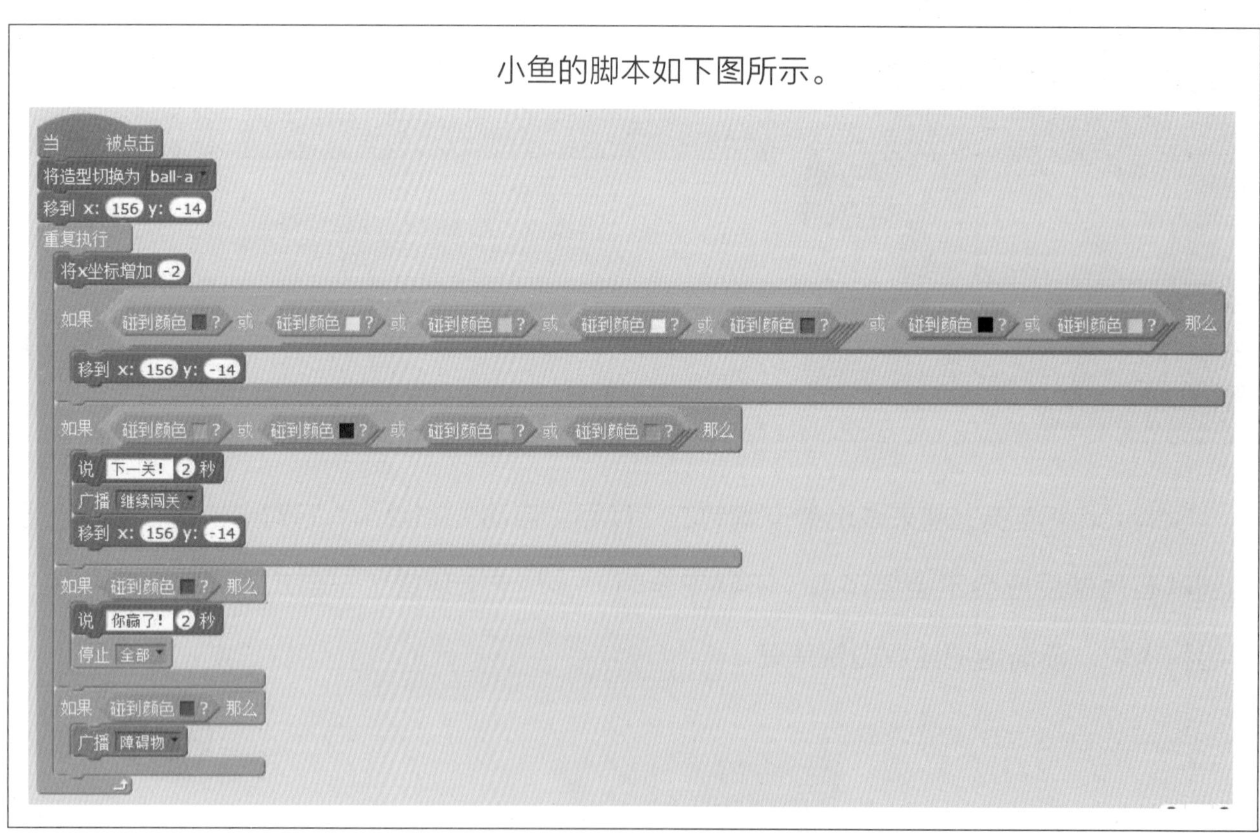

上面这段脚本里，使用了侦测模块中的“碰到颜色……”作为判断条件，请你试玩“油污阵.sb2”作品，体会 碰到颜色 ? 积木块以及类似积木块的功能和使用方法。

积木块	功能	使用方法
碰到颜色 ？		提示：如何取色？
颜色 碰到 ？		

“油污阵.sb2”作品设置了重重关卡，鱼儿历经千辛万苦才能闯过油污阵，顺利回到家中与父母团聚。请从技术、情节、造型、主题、界面、创意等方面来评价“油污阵.sb2”作品，并给予改进建议。

<table>
<tr><td colspan="2">作品名称：“油污阵.sb2”</td></tr>
<tr><td>喜欢的理由：□ 技术 □ 情节
□ 造型 □ 主题
□ 界面 □ 创意
详细说明理由：
①
②
③</td><td>给出的改进建议：
①
②
③
④
⑤
⑥</td></tr>
</table>

2. 践行

卡卡和Scratch小猫合作设计并编制了“礁石（对抗）.sb2”程序，可以采用双船对抗模式来并行躲礁避险，程序界面如右图所示。

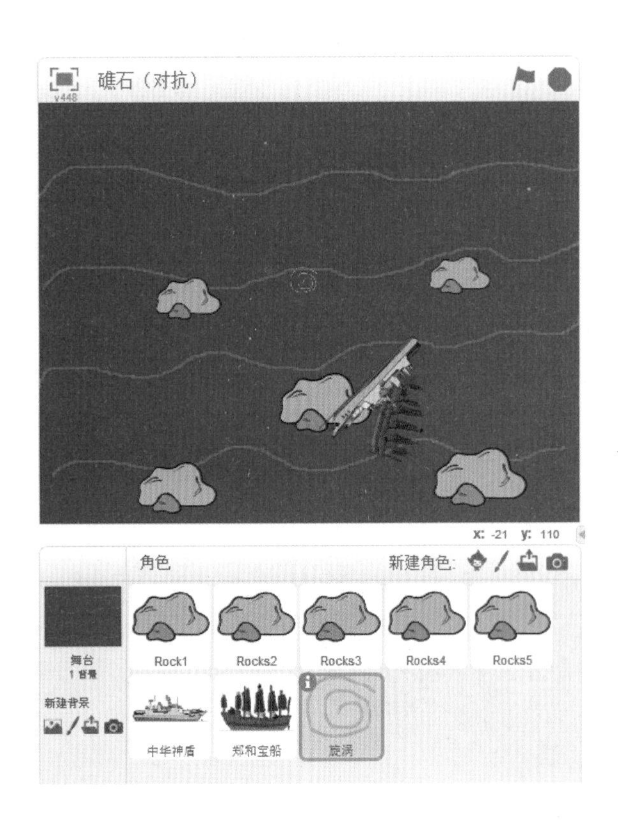

卡卡和Scratch小猫分别编制了中华神盾、郑和宝船的脚本，其中  的脚本如右图所示。

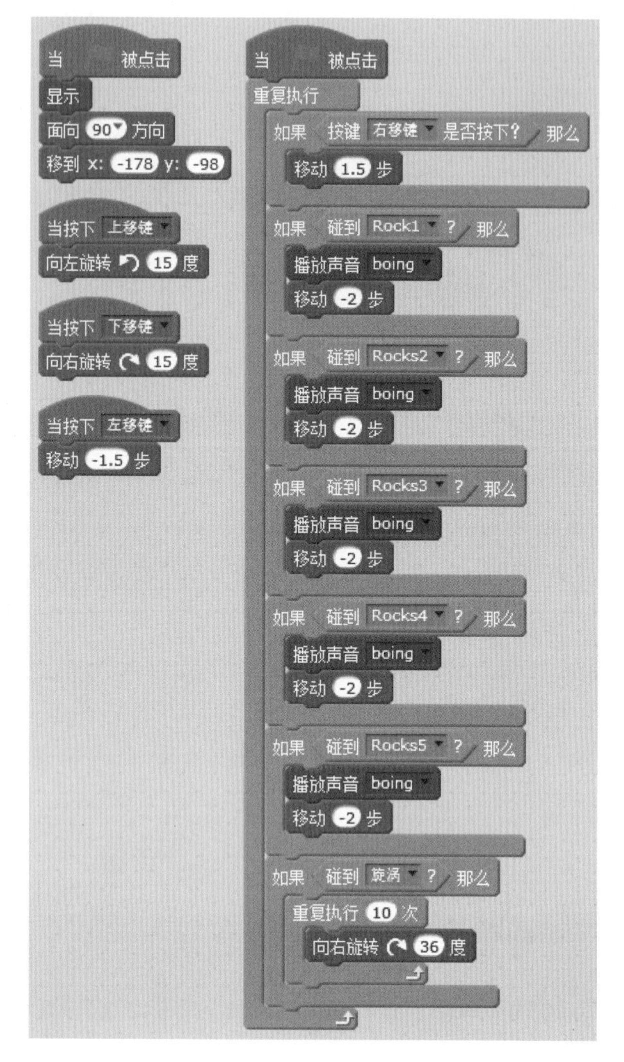

的脚本如下。

```
当按下 w
向左旋转 15 度

当按下 s
向右旋转 15 度

当 被点击
显示
面向 90 方向
移到 x: -172 y: -54

当按下 a
移动 -1.5 步

当 被点击
重复执行
  如果 按键 d 是否按下? 那么
    移动 1.5 步
  如果 碰到 Rock1 ? 或 碰到 Rocks2 ? 或 碰到 Rocks3 ? 或 碰到 Rocks4 ? 或 碰到 Rocks5 ? 那么
    播放声音 boing
    移动 -2 步
  如果 碰到 旋涡 ? 那么
    重复执行 10 次
      向右旋转 36 度
```

请你谈谈中华神盾与郑和宝船两艘船的脚本在编程风格和脚本编制方法上有哪些区别？觉得哪种脚本编制得较好？或者你有更优的方法吗？

____

____

与同伴一起尝试并交流，如果有些角色的脚本相同或相似，需要复制脚本，复制脚本的方法有哪些？

____

____

____

在试玩这组作品时，使用者对于游戏规则和避礁方式是否清楚？与同伴一起实践并交流，从创建友好的用户界面角度如何改进这组作品？

____

____

为了增加了游戏的趣味性和挑战性，增加了旋涡的角色，请针对旋涡设计情节并编制脚本。

____

____

____

在品评和改进了卡卡和Scratch小猫设计的这组作品后，请你来设计、制作以下Scratch作品。

（1）以浩海迷障为主题，展开丰富的联想，选择其中4个联想到的素材并图形化，并据此创作Scratch作品展现航程中的艰难险阻。

（2）加入音乐、音效等来制作有声有色的作品。

（3）设计友好的用户界面，制作亲切、友善的科创作品。

程序完成后，先来自测一下程序，并总结作品特色与亮点。

自测时发现的问题	如何解决	解决的结果 （完全解决/部分解决/无法解决）	总结作品特色与亮点

接下来与他人交换互玩程序，相互体验、欣赏作品，从技术、情节、造型、主题、界面、创意等方面多维度地进行评价，并给予改进建议。

作品名称：	
喜欢的理由： □技术 □情节 □造型 □主题 □界面 □创意 详细说明理由： ① ② ③	给出的改进建议： ① ② ③ ④ ⑤ ⑥

根据他人的评价和建议，进一步修正、完善作品。

他人具有建设性、启发性的建议与意见	本人根据左侧建议与意见的调整措施	修正与完善的效果

四、悟·帆

我们一起来回顾、检视本章的学习，请填写下表，左侧可继续自主添加学习回顾项目，右侧填写左侧项目的自检评价与个性化感悟。

学习回顾	自我检视
① 体验思维的发散与聚合共同作用于创意设计，发展创新性思维。	
② 巩固并应用顺序、分支、循环3种基本结构的嵌套，来解决问题、设计方案、调试实施。	
③ 理解并掌握侦测模块中的“按键……是否按下”、“碰到颜色……”、“到……的距离”等指令的使用方法。	
④ 识别声音模块中各项指令，选择合适的声音指令来使程序更丰富、精彩。	
⑤ 培养良好的编程风格，设计友好的用户界面，制作亲切、友善的科创作品。	

第7章

______的沙丁鱼

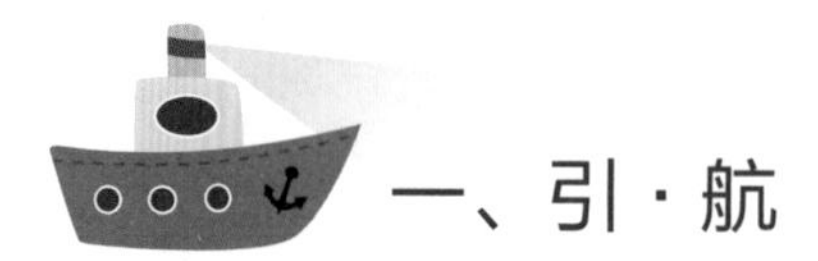

一、引·航

在海洋这座蓝色的水晶宫里住着形态各异、大小不一的水中生物，沙丁鱼和鲨鱼就是其中的居民。鲨鱼有“海中狼”之称，是海洋中的巨无霸。与它相比，沙丁鱼就显得十分渺小，小的仅有两寸长，大的也不过尺许。面对像鲨鱼这类庞然大物，小小的沙丁鱼自有它的生存之道。当沙丁鱼们遭遇危险时，就会聚集起来游动，整个鱼群远观起来像一条大鱼，形成一股威慑力，令潜在的入侵者忘而却步……

此外，小沙丁鱼的衣服也颇具心思，背部通常是深蓝色，腹部则钟爱白色“面料”。这可不只是为了美观啊，而是小家伙们和大自然达成的一种默契。大自然对生活在其怀抱里的生物饱含温柔的眷顾与体贴，从不同的角度望去，小沙丁鱼都与周围的环境融合在一起，不易被外来侵害所发现。

沙丁鱼的小心思还远远不止上述这些，你对它的了解有多少？本章的标题请你来补充完整，在你心中沙丁鱼是怎样的？在完成本章的项目后，请你赋予这一章完整的名字！

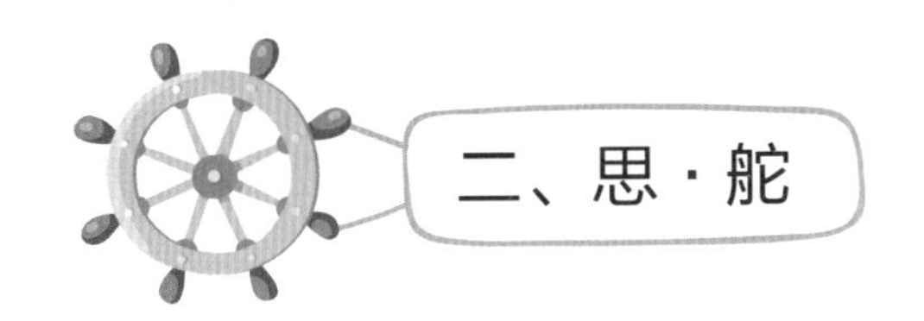

思维的发散与聚合（二）

思维的发散可以把对象的结构、形态等作为发散点，设想出一系列可能性，也可以把该事物与其他事物组合成新事物。发散思维充分调动视觉思维、听觉思维以及各种感官和情感，从不同的方向拓展思维的广阔性。下面采用头脑风暴的形式，集思广益，请你从不同维度来设想________的沙丁鱼，并与小伙伴们合作完成以下“九宫格”。作为团队中的一员，卡卡先填写了其中的3格。

沙丁鱼“九宫格” 你的姓名：________	背深肚浅的沙丁鱼（大自然对生物温柔的眷顾）	需要激励的沙丁鱼（心理学:沙丁鱼效应）	聪明、团结的沙丁鱼(遭遇危险便汇聚起来游动，远观鱼群像一条大鱼)
	________的沙丁鱼	________的沙丁鱼	________的沙丁鱼
	________的沙丁鱼	________的沙丁鱼	________的沙丁鱼

与同伴交流和分享在你心目中沙丁鱼是怎样的，并说明佐证的材料或事例。小组讨论后评选出令成员们印象最深刻的一种想法，围绕这个选出的“________的沙丁鱼”主题构想作品故事大纲，来充分体现沙丁鱼的这种特质。

____

____

____

三、行·桨

1. 试桨

（1）游来游去的沙丁鱼。

沙丁鱼在蓝色的大海里悠闲地游来游去，卡卡和Scratch小猫分别用Scratch软件制作了程序作品来记录这个景象，如右图所示。

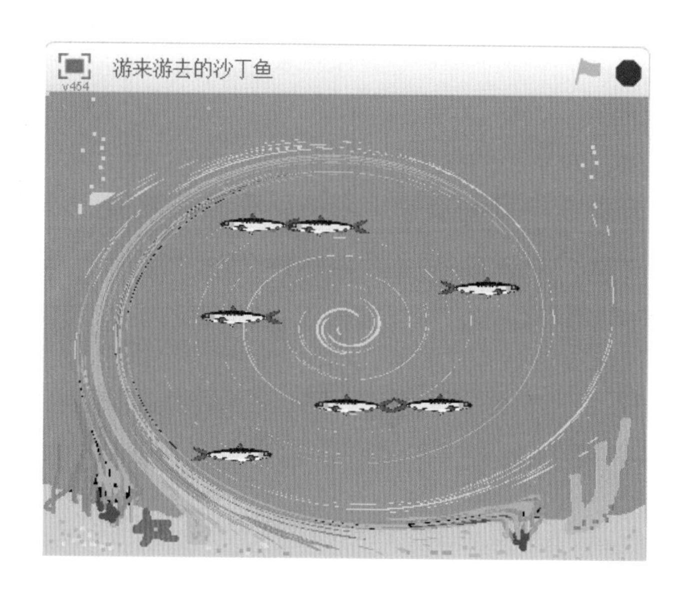

卡卡和Scratch小猫编制脚本时使用了不同的方法，卡卡编制的“游来游去的沙丁鱼.sb2”程序中，舞台、角色列表与角色脚本如下。

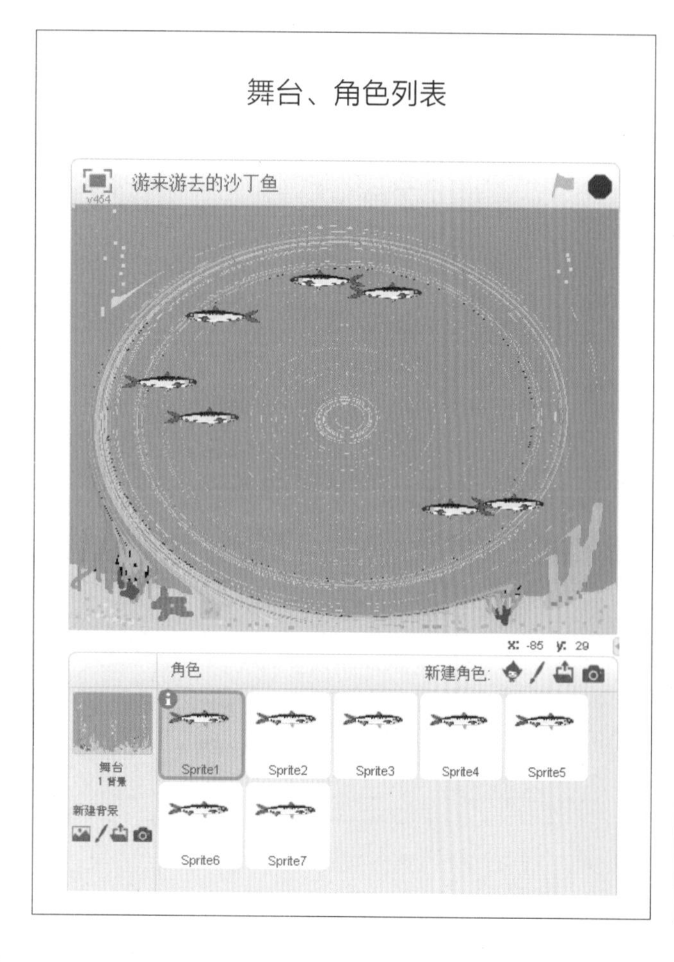

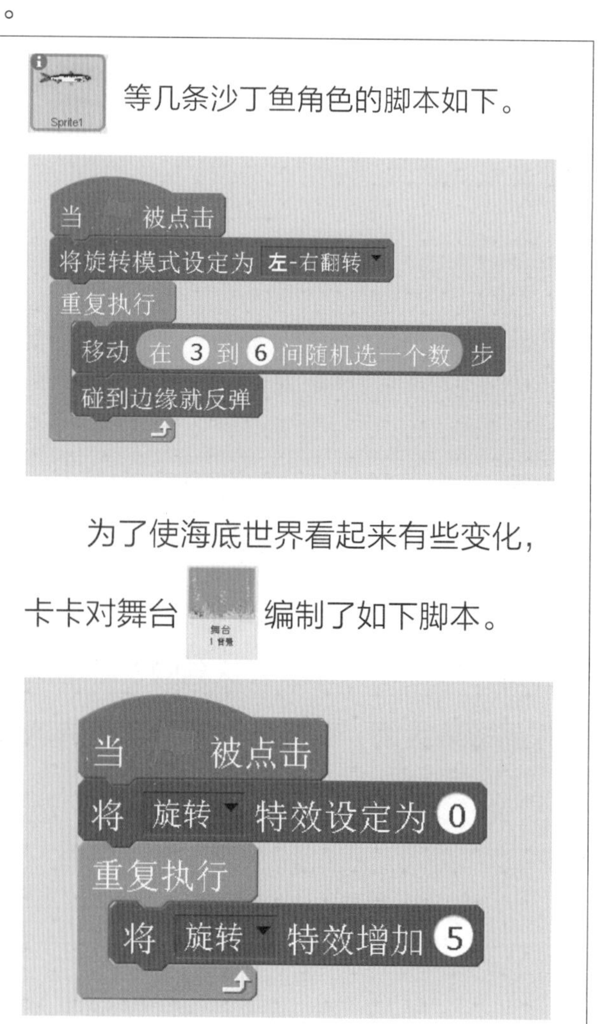

Scratch小猫编制了“游来游去的沙丁鱼（克隆）.sb2”程序，舞台、角色列表与角色脚本如下。

舞台、角色列表如下。

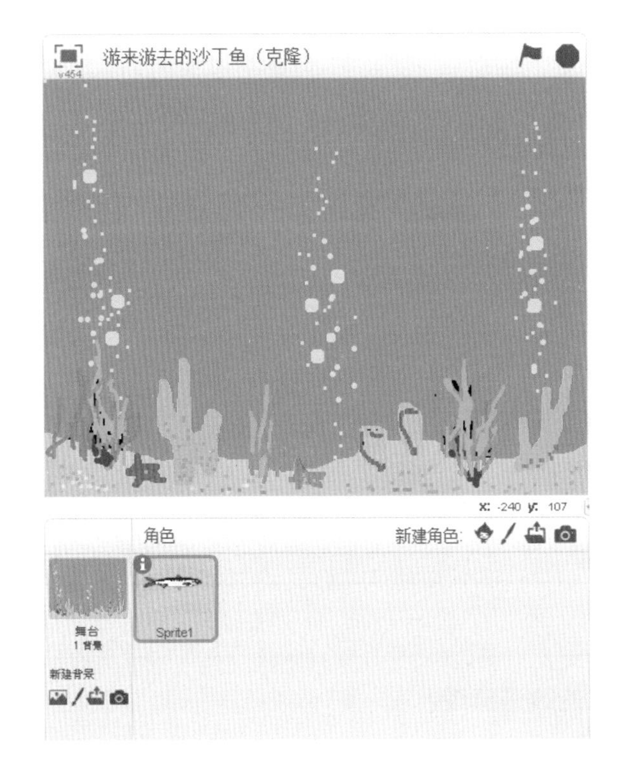

的脚本如下。

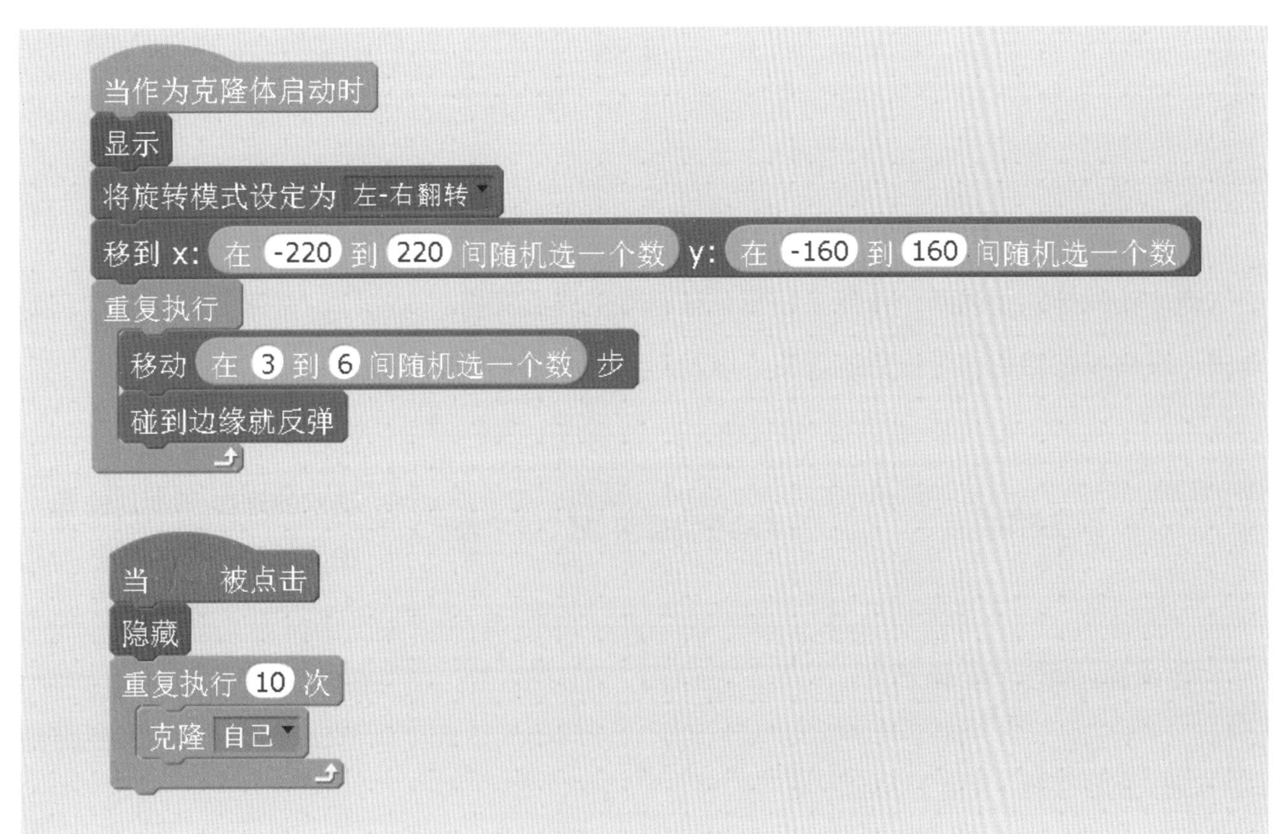

请从技术、情节、造型、主题、界面、创意等方面来评价“游来游去的沙丁鱼.sb2”与“游来游去的沙丁鱼（克隆）.sb2”这两件作品，并给予改进建议。

<table>
<tr><td colspan="2">作品名称：“游来游去的沙丁鱼.sb2”</td></tr>
<tr><td>喜欢的理由： □ 技术 □ 情节
□ 造型 □ 主题
□ 界面 □ 创意
详细说明理由：
①
②
③</td><td>给出的改进建议：
①
②
③
④
⑤
⑥</td></tr>
</table>

<table>
<tr><td colspan="2">作品名称：“游来游去的沙丁鱼（克隆）.sb2”</td></tr>
<tr><td>喜欢的理由： □ 技术 □ 情节
□ 造型 □ 主题
□ 界面 □ 创意
详细说明理由：
①
②
③</td><td>给出的改进建议：
①
②
③
④
⑤
⑥</td></tr>
</table>

请你和同伴对上述两个作品来投票，在喜欢的作品旁打“ √ ”，并简要说明喜欢它的理由、没有投票给另一个作品的理由，以及对于你今后创作的启发。

作品名称	在两者中更喜欢（打“√”表示）	喜欢的理由/不喜欢的理由/对今后创作的启发
“游来游去的沙丁鱼.sb2”		
“游来游去的沙丁鱼（克隆）.sb2”		

（2）沙丁鱼遭遇鲨鱼。

当面对像鲨鱼这样的庞然大物时，小小的沙丁鱼如果感测到周围有鲨鱼在靠近，就会聚集在一起游动，这时的沙丁鱼群看起来像一整条大鱼，形成一股震慑力，令鲨鱼忘而却步。卡卡他们观察到这个场景，编制了以下这段脚本。

```
当 被点击
移到 x: 在 -220 到 220 间随机选一个数 y: 在 -100 到 160 间随机选一个数
将旋转模式设定为 左-右翻转
重复执行
    移动 6 步
    碰到边缘就反弹
    如果 y坐标 < -100 那么
        在 1 秒内滑行到 x: 在 -220 到 220 间随机选一个数 y: 在 -100 到 160 间随机选一个数
    如果 到 Shark 的距离 < 120 那么
        广播 鲨鱼来了
        等待 1 秒

当接收到 鲨鱼来了
面向 90 方向
在 1 秒内滑行到 x: 86 y: 125
等待 5 秒
停止 当前脚本
```

其中 如果 到 Shark 的距离 < 120 那么 这组积木块的作用是什么?

第6章中请大家尝试使用侦测模块中的“到……的距离”等指令，结合这个实例请你谈谈并与同伴交流，侦测模块中的指令经常在哪些场景和情节使用？使用的具体方法有哪些?

____

____

____

2. 践行

下面就请在前期“思 · 舵”环节对沙丁鱼展开发散联想的基础上，通过小组讨论评选出令同伴们印象最深刻的“________的沙丁鱼”。请以此“________的沙丁鱼”为主题，把与之相关程度较高的信息筛选出来，进行抽象、比较、概括与归纳，并创作Scratch作品来描绘和展现沙丁鱼的相关特质。

程序完成后，先来自测一下程序，并总结作品特色与亮点。

自测时发现的问题	如何解决	解决的结果 （完全解决/部分解决/无法解决）	总结作品特色与亮点

接下来与他人交换互玩程序，相互体验、欣赏作品，从技术、情节、造型、主题、界面、创意等方面多维度地进行评价，并给予改进建议。

<table>
<tr><td colspan="2">作品名称：</td></tr>
<tr><td>喜欢的理由： □ 技术 □ 情节
□ 造型 □ 主题
□ 界面 □ 创意
详细说明理由：
①
②
③</td><td>给出的改进建议：
①
②
③
④
⑤
⑥</td></tr>
</table>

根据他人的评价和建议，进一步修正、完善作品。

他人具有建设性、启发性的建议与意见	本人根据左侧建议与意见的调整措施	修正与完善的效果

四、悟·帆

我们一起来回顾、检视本章的学习，请填写下表，左侧可继续自主添加学习回顾项目，右侧填写左侧项目的自检评价与个性化感悟。

学习回顾	自我检视
① 运用思维的发散与聚合来构思、规划作品，进一步提升思维的广度、深度、清晰度等。	
② 识别、分析与尝试可能的解决方案，选择较优方案以提高程序的执行效率，发展分析问题、解决问题的能力。	
③ 加深领会与辨析克隆功能的适用情境，增强调试、改进作品的意识。	
④ 巩固并应用“到……的距离”等指令作为判断条件来推进程序运行。	

第8章 相濡以沫的小丑鱼与海葵

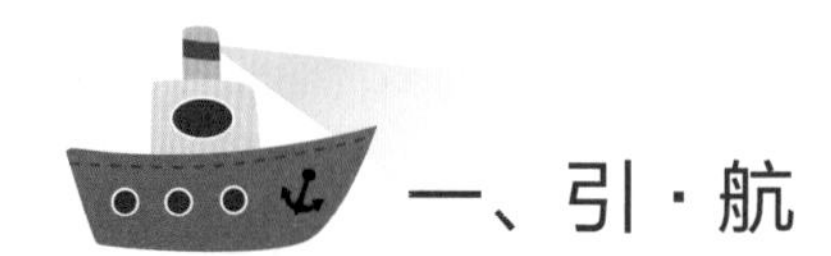

一、引·航

小丑鱼体色艳丽，但美丽有时也会带来危险，它眩目的外表经常会引起大鱼的注意，招来杀身之祸，小丑鱼急需找到一个具有防御功能的根据地。看上去像花朵般的海葵其实是广布于海洋中的食肉动物，它触手中的刺细胞会释放出毒素，作为御敌防卫的武器。海葵行动迟缓，有的几乎不挪动，有的偶尔爬动，有的慢吞吞地翻着筋斗，正因为如此，有时候它不得不忍饥挨饿。

这样两种截然不同的生物奇妙地相遇了，小丑鱼并不是对海葵触手的毒素有免疫力，初次接触时也会遭到蜇刺之痛。然而在与海葵亲密接触的过程中，小丑鱼身上逐渐沾满了它的黏液，这种黏液可以保护小丑鱼不受海葵蛰刺的袭击。通过几番磨合交往，小丑鱼与海葵渐渐成为海洋中互利共生的一对好朋友。海葵在小丑鱼遇到险情时，用有毒的触手筑成一道安全屏障供其躲入其间来避险，保护小丑鱼不受其他凶猛大鱼的攻击。而小丑鱼可以吸引其他鱼类靠近，帮助海葵觅得果腹之物，还可以减少海葵丛里的残屑沉淀……

卡卡和Scratch小猫在远航途中，发现了这对海洋里的友谊楷模，决定一起把相濡以沫的小丑鱼与海葵之间的故事记录下来。他们合作设计和创作了“小丑鱼与海葵.sb2”程序，来展现小丑鱼和海葵经过磨合逐渐成为好朋友、鲨鱼来袭时海葵提醒和保护小丑鱼、小丑鱼帮助海葵觅食、海葵感谢小丑鱼等情节。

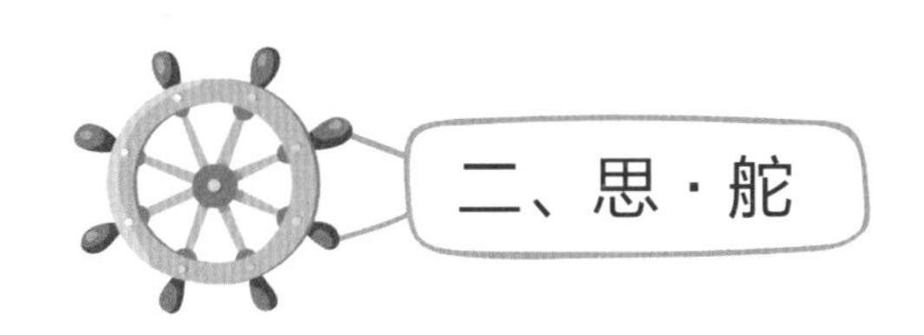

作品的构思、规划离不开角色、时间与行为等各种元素的联动设计，以下是卡卡和Scratch小猫合作编写“小丑鱼与海葵.sb2程序”前构想方案的一部分，展现了小丑鱼和海葵逐渐成为好朋友以及鲨鱼来袭时，海葵提醒和保护小丑鱼的情节。大家也一起来试着合理地规划与构架故事的角色、时间节点与相应脚本等。

情节1：小丑鱼和海葵逐渐成为好朋友。

角色 时间节点	小丑鱼	海葵
点击绿旗开始执行程序之后	初始化小丑鱼的大小、造型、位置、旋转方式等。 以下行为重复执行2次： 面向90度方向， 在3秒内滑行到（x：-27，y：-41）， 说“啊啊啊啊啊啊啊啊”2秒。 下一个造型： 面向-90度方向， 在3秒内滑行到（x：-240，y：-41）， （下一个造型的小丑鱼身上出现黏液，黏液也越来越厚，这样就逐渐不会被海葵蛰刺。）	/
小丑鱼重复执行两次行为后	面向90度方向， 在3秒内滑行到（x：-27，y：-41）， 说“不疼了哟”2秒， 并广播消息1。	/
当接收到消息1	/	说“通过这几次的接触，我觉得你可以成为我的朋友，以后若遇到危险，就到我里面来吧！”2秒， 并广播消息2。
当接收到消息2	说“好啊，以后就拜托你了”2秒， 并广播消息3。	/

情节2：鲨鱼来袭时，海葵提醒和保护小丑鱼。

角色 时间节点	小丑鱼	海葵	鲨鱼
当接收到消息3	/	/	显示。 在10秒内滑行到（x：19，y：95）， 说“啊！一条美味的小丑鱼！”， 同时重复执行将造型切换为shark-a等待0.5秒，再将造型切换为shark-b等待0.5秒。 广播消息4并等待。
当接收到消息4	重复执行 将旋转模式设定为（左-右）旋转。 如果按键右移键按下，那么面向90度方向移动2步； 如果按键左移键按下，那么面向-90度方向移动2步； 如果按键上移键按下，那么面向0度方向移动2步； 如果按键下移键按下，那么面向180度方向移动2步。	说“啊！鲨鱼来啦！小丑鱼快跑！”2秒， 说“请用上下左右键来帮助小丑鱼躲避鲨鱼吧！”2秒， 并广播消息5。	/
当接收到消息5	/	/	重复执行， 移至最上层， 在1~10间随机选一个数秒内滑行到 x（在230~-230间随机选一个数）， y（在16~-170间随机选一个数）。 如果碰到小丑鱼，那么广播消息6。 如果碰到海葵，那么说“啊啊啊啊啊啊啊啊啊！！好痛呀！！”2秒。 将造型切换为shark-c， 面向-90度方向， 在1秒内滑行到（x：-240，y：95）， 隐藏， 并广播消息7。
当接收到消息6	停止角色其他脚本， 说“啊啊啊！！！”2秒， 将造型切换为造型4。	停止角色其他脚本， 将造型切换为造型2 说“呜呜呜！”， 说“点击绿旗让时光倒流吧！”。	停止角色其他脚本。
当接收到消息7	说“谢谢你，海葵！”2秒， 并广播消息8。	/	/

请你对上述作品构想提出建议，并规划下面两个情节，也可自主畅想与设计不同的故事情节。

情节3：小丑鱼帮助海葵觅食

……

情节4：海葵感谢小丑鱼

……

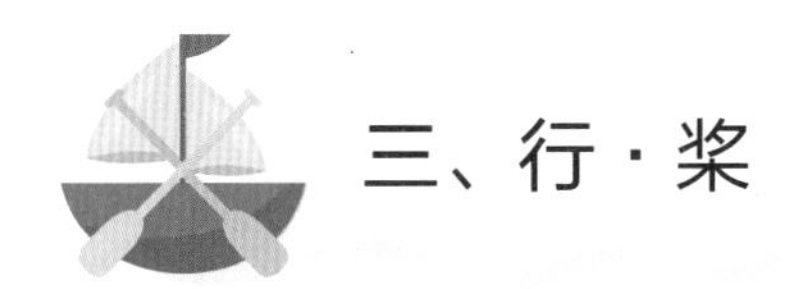

三、行·桨

1. 试桨

绘图编辑器。

当绘图编辑器处于矢量编辑模式，出现的工具按钮如下图所示。

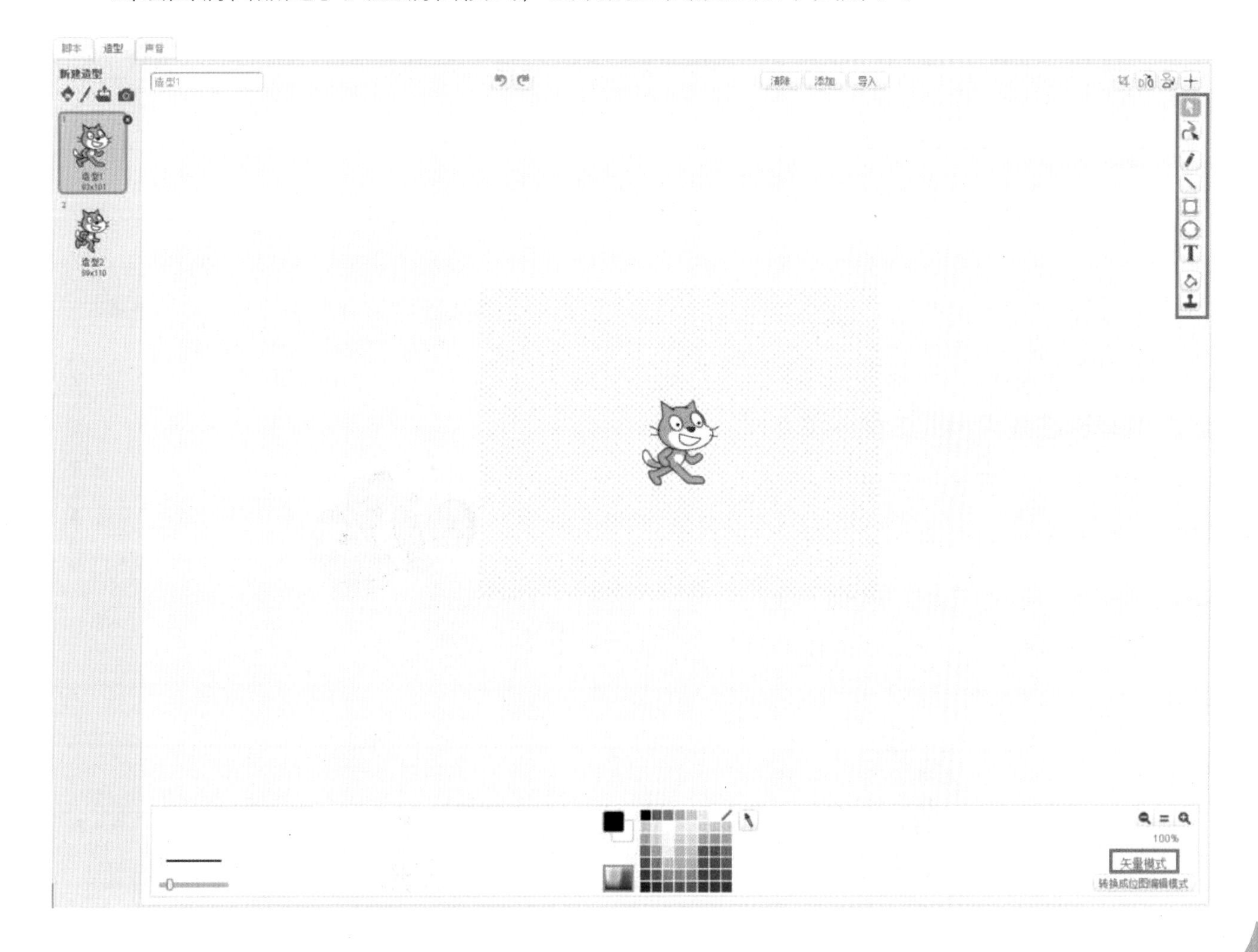

如果转换成位图编辑模式，出现的工具按钮会有所不同，如下图所示。

计算机中显示的图像一般分为位图与矢量图两种类别。位图把图像按照行列分割成许多像素点，分割得越细、像素越多，图像会越清晰。矢量图运用直线与曲线等属性来描述图形，数据量比较小，对矢量图进行缩放、旋转等都不会导致图像显示效果失真。

请你列举出Scratch自带的角色库中图片有哪些类型，分别找出你最喜欢的一张图片，并简述喜欢的理由，与同伴讨论、交流，如果需要表现色彩层次丰富的逼真图像效果，选用哪种类型的图像更合适?

图片类型	最喜欢的一张图片	喜欢的理由	表现色彩层次丰富的逼真图像效果，选用哪种图片类型(打“√”表示)

卡卡是个充满好奇心、喜欢探索与尝试的男生，他细心地观察到绘图编辑器在矢量模式下的一些工具按钮很有趣，于是动手尝试着用这些按钮来为小丑鱼裹上不怕被海葵蛰刺的黏液，他先用“椭圆”工具在小丑鱼外围画出了一个椭圆，如右图所示。

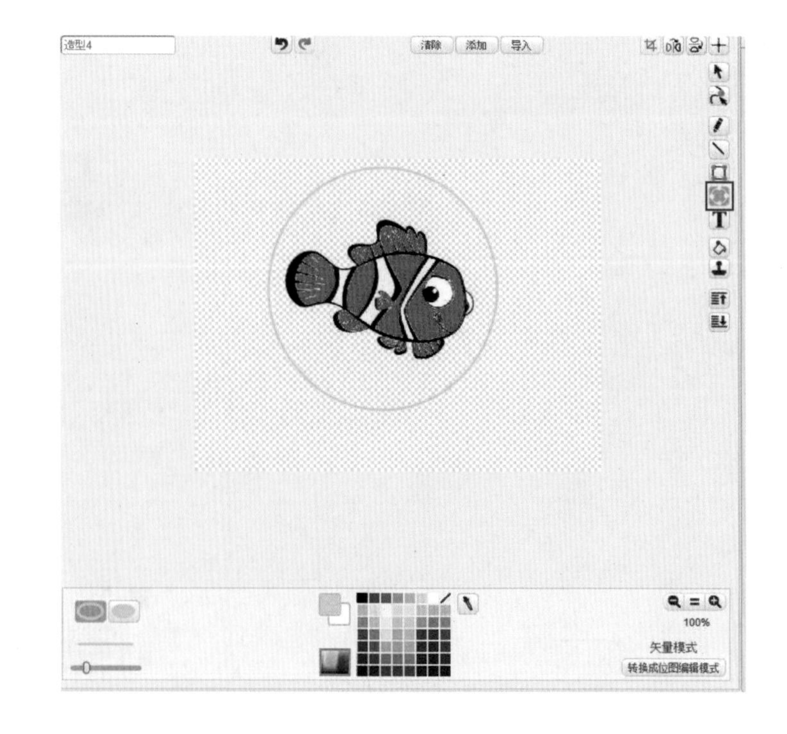

然后使用“变形”工具，逐步调整控制点的位置，以使图形贴合小丑鱼的身形轮廓，形成裹在身体四周的黏液，如下面的3张图所示。

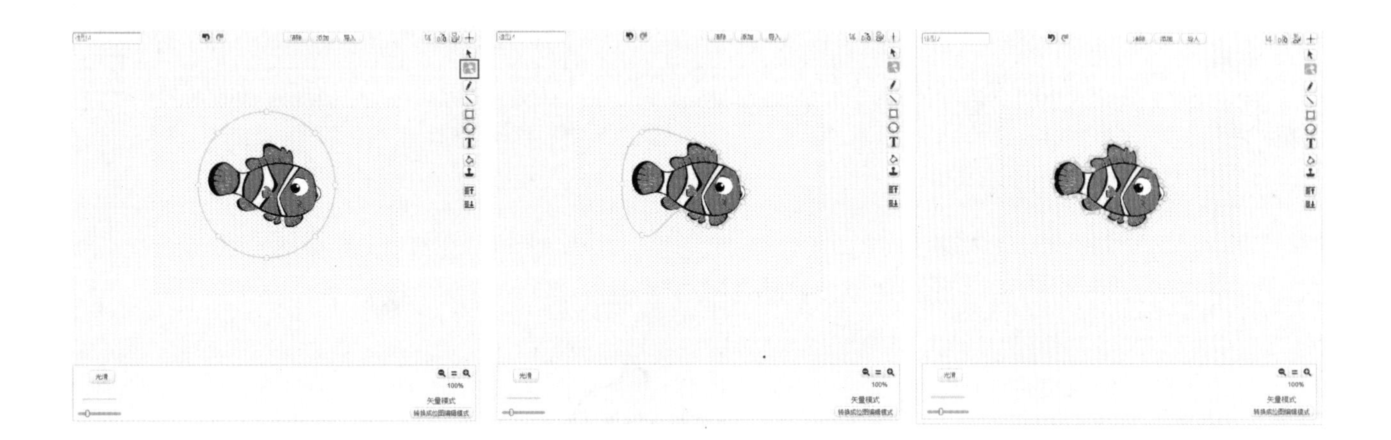

为了表现小丑鱼在和海葵不断的磨合与交往中，默契逐渐加深，身上的黏液渐渐增厚，可以通过设置线条的粗细来展现黏液的不同厚度，如右图所示。

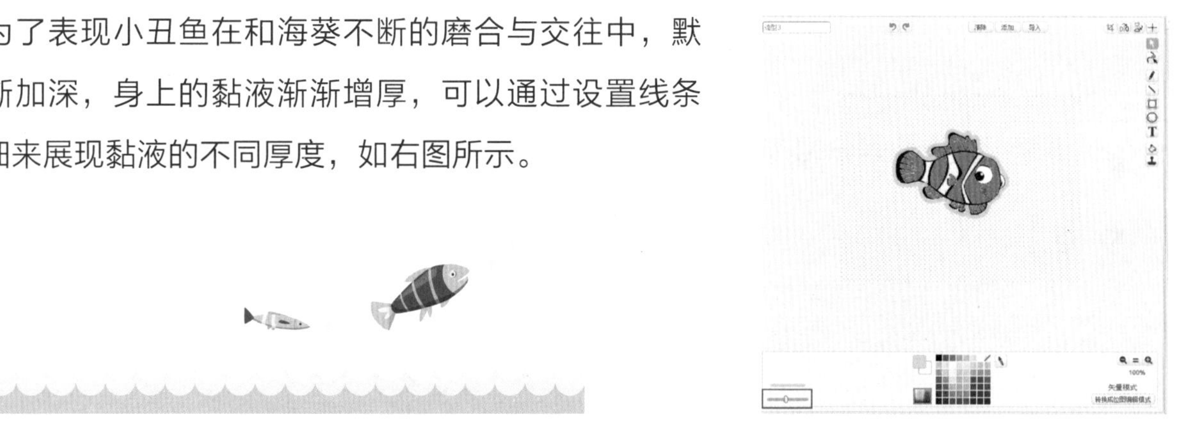

看到卡卡玩得这么起劲，Scratch小猫再也忍不住了，也摆弄起这些神奇的绘图编辑工具。首先，它从角色库里选择了一张矢量图片——一条可爱的小鱼，如下图所示。

然后在绘图编辑器中单击选择按钮  ，再点击小鱼这个造型，如下图所示。

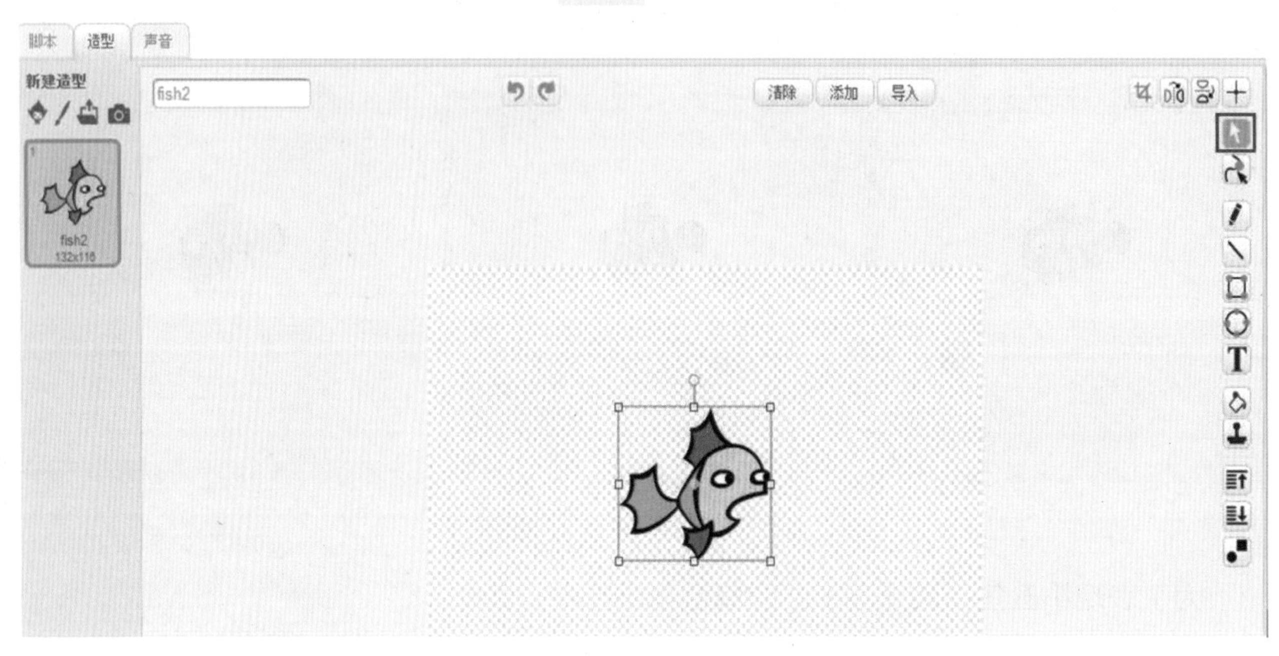

接下来，单击取消分组按钮 ，如下图所示。

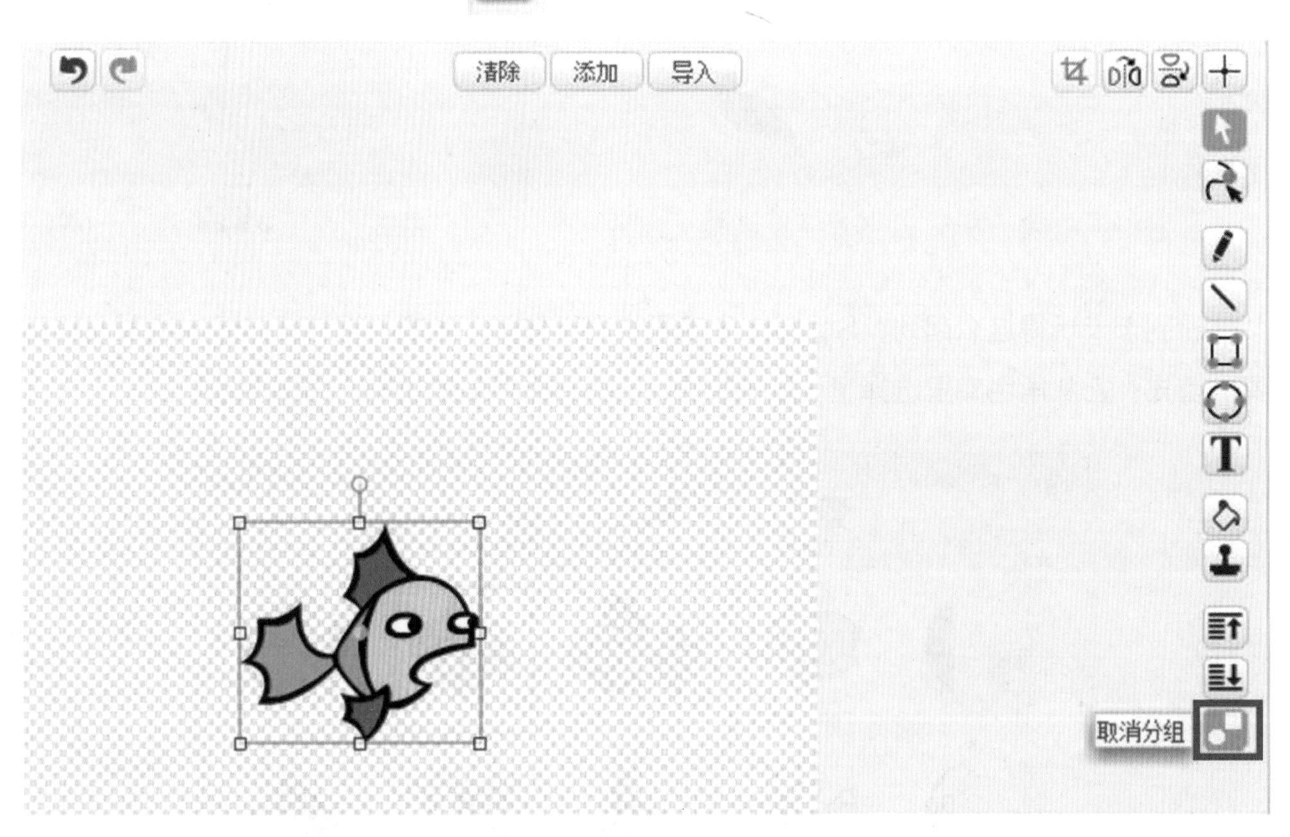

最后，就可以根据需要来取消组合，把小鱼拆分成多个零件，如右图所示。

请你选择角色库中的图片，根据需要把图片拆分并重新组合，设计与原有造型不同的新形象，并思考是否所有的图像都可以进行取消组合的操作，为什么？

____

____

顽皮的卡卡发现，使用“添加”按钮可以轻松地给他的好朋友Scratch小猫打扮一番，于是他忙开了，一会儿给小猫找了副眼镜戴上，一会儿配了个帅气的领结、再顶上个彩色的帽子……

首先，单击“添加”按钮，如右图所示。

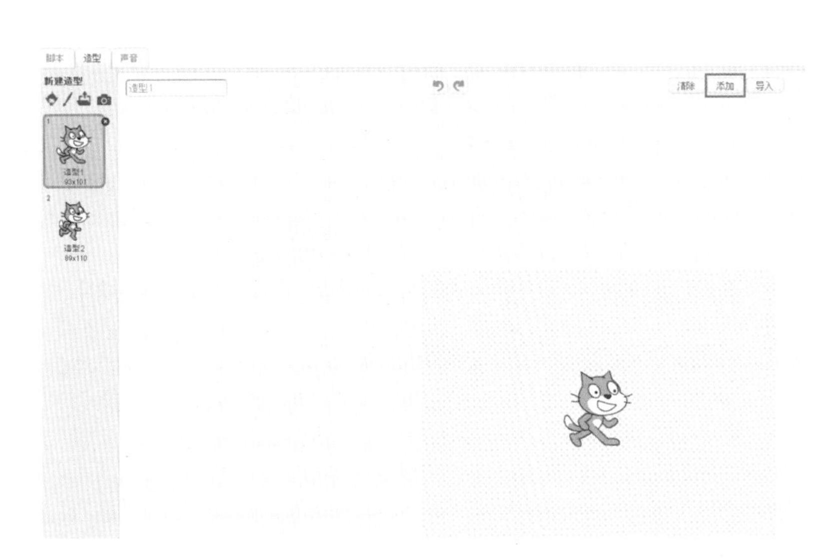

然后，在Scratch自带库中找到眼镜，如下图所示。接下来根据需要调整新加入图片的大小和位置，与原有图片共同构成新的造型。

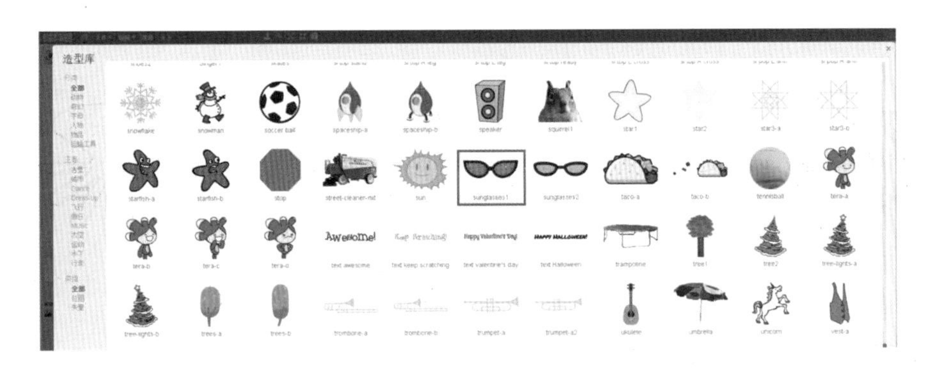

不一会儿功夫，卡卡就把他的小伙伴打扮成了这样，如右图所示。不知道Scratch小猫是否满意卡卡为它打造的新形象呢？

卡卡还发现“设置造型中心”按钮 可以设置造型旋转的中心点，如下图所示，令角色旋转起来呈现出不同的效果。

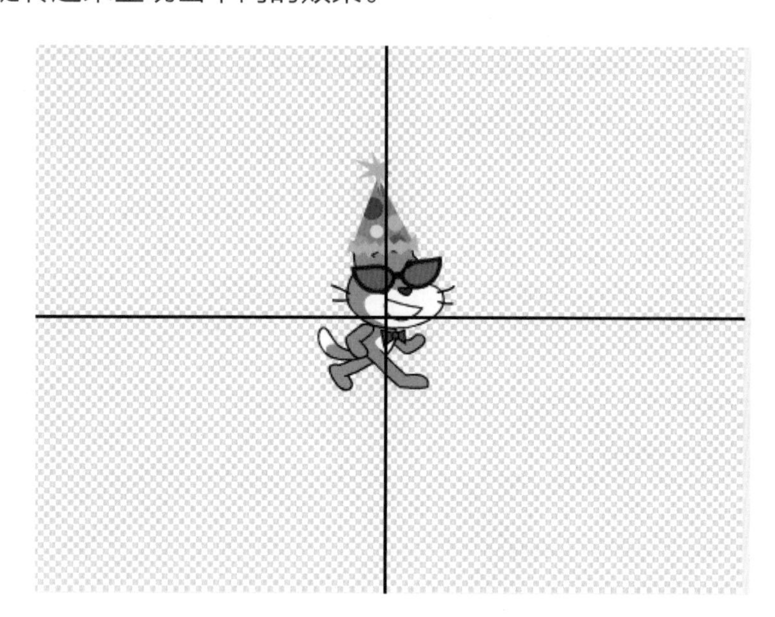

下面请你来试试看，单击“设置造型中心”按钮，对角色造型设置不用的旋转中心，然后实验并说明旋转的效果有什么差别?

____

____

请你一起来摆弄绘图编辑器里的各种按钮，体验绘图工具的使用方法。下面是一些水中生物和船只的图片（本书的素材文件），你能辨识出它们分别是什么动物和船只吗?

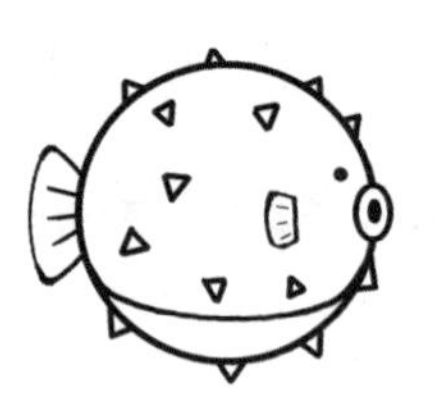

请你使用绘图编辑器（矢量图模式或位图模式）里的工具，为以上这些水中生物与船只涂上合适的颜色，并与同伴交流和分享你对这些动物和船只的了解、着色方案的设计与实施（设计构思、实现方法、使用的编辑工具）、着色的理由（科学知识、创意发挥等），也可以应用绘图编辑器对它们开展自主设计，重新打造它们的新形象。

水中生物/船只	对它的了解	涂色后造型	涂色方案设计与实施（设计构思、实现方法、使用了哪些编辑工具）	配色理由（科学知识、创意发挥等方面因素）	自主设计	自主设计时使用了哪些绘图编辑工具

2. 践行

卡卡同Scratch小猫一起合作设计和创作“小丑鱼与海葵.sb2”程序，来展现小丑鱼和海葵经过磨合逐渐成为好朋友、鲨鱼来袭时海葵提醒和保护小丑鱼、小丑鱼帮助海葵觅食、海葵感谢小丑鱼等情节。接下来就请你来体验、试玩、解读与评析“小丑鱼与海葵.sb2”程序。

小丑鱼  的脚本如下。

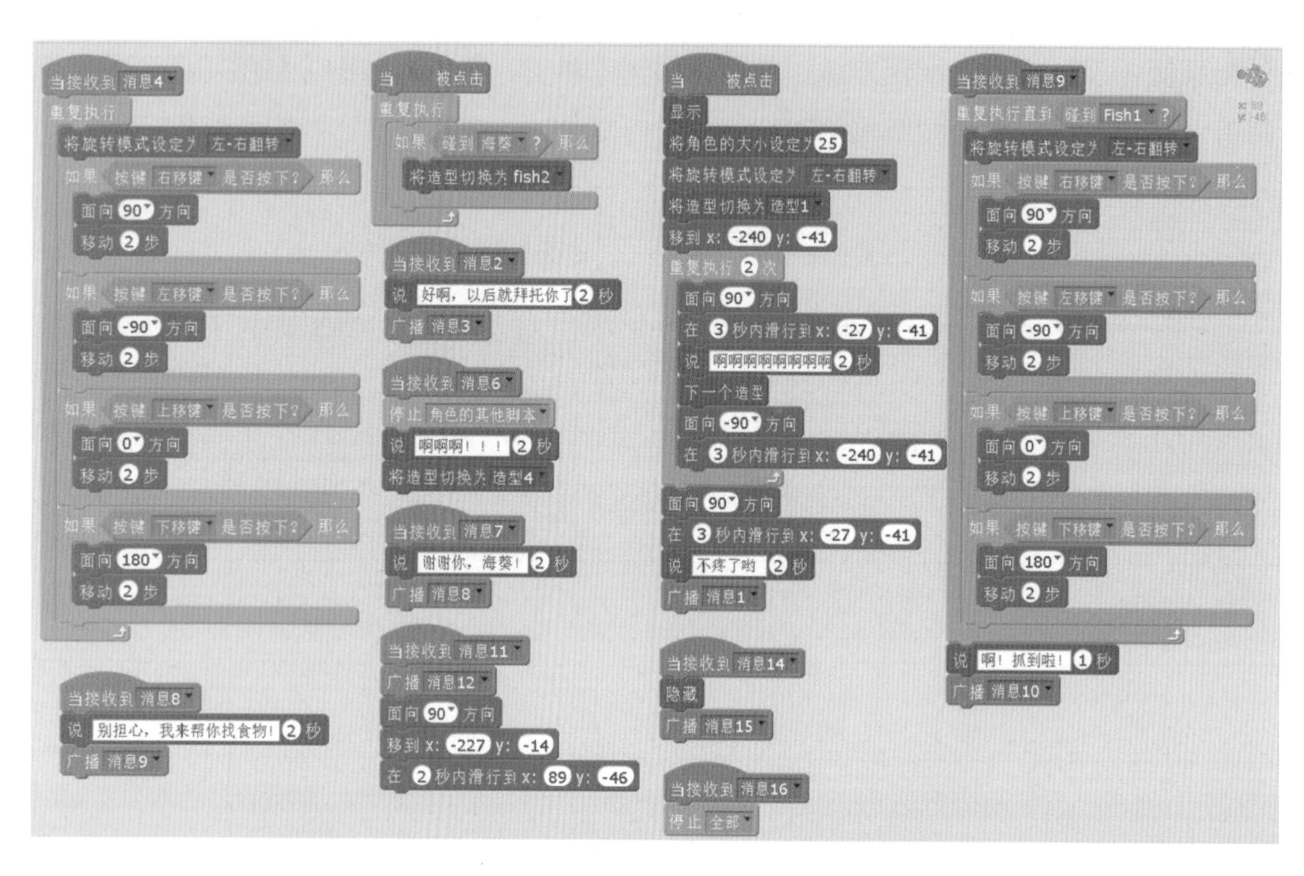

其中以下两段脚本与小丑鱼躲避鲨鱼、小丑鱼为海葵觅食的交互游戏环节有关，请试玩程序并解读、评析脚本，解读卡卡和Scratch小猫是如何运用“碰到……”、“按键……是否按下”等侦测指令来实现游戏交互的?

你对于卡卡他们的设计和脚本有什么建议吗？如果你来设计情节和编制脚本，会如何规划与实施?

当接收到 消息4
重复执行
将旋转模式设定为 左-右翻转
如果 按键 右移键 是否按下? 那么
面向 90 方向
移动 2 步
如果 按键 左移键 是否按下? 那么
面向 -90 方向
移动 2 步
如果 按键 上移键 是否按下? 那么
面向 0 方向
移动 2 步
如果 按键 下移键 是否按下? 那么
面向 180 方向
移动 2 步

当接收到 消息9
重复执行直到 碰到 Fish1 ?
将旋转模式设定为 左-右翻转
如果 按键 右移键 是否按下? 那么
面向 90 方向
移动 2 步
如果 按键 左移键 是否按下? 那么
面向 -90 方向
移动 2 步
如果 按键 上移键 是否按下? 那么
面向 0 方向
移动 2 步
如果 按键 下移键 是否按下? 那么
面向 180 方向
移动 2 步
说 啊! 抓到啦! 1 秒
广播 消息10

描述与脚本相关的情节	如何运用侦测指令来实现游戏交互	对情节设计和脚本编制有什么建议	自主设计与实施

海葵  的脚本如下。

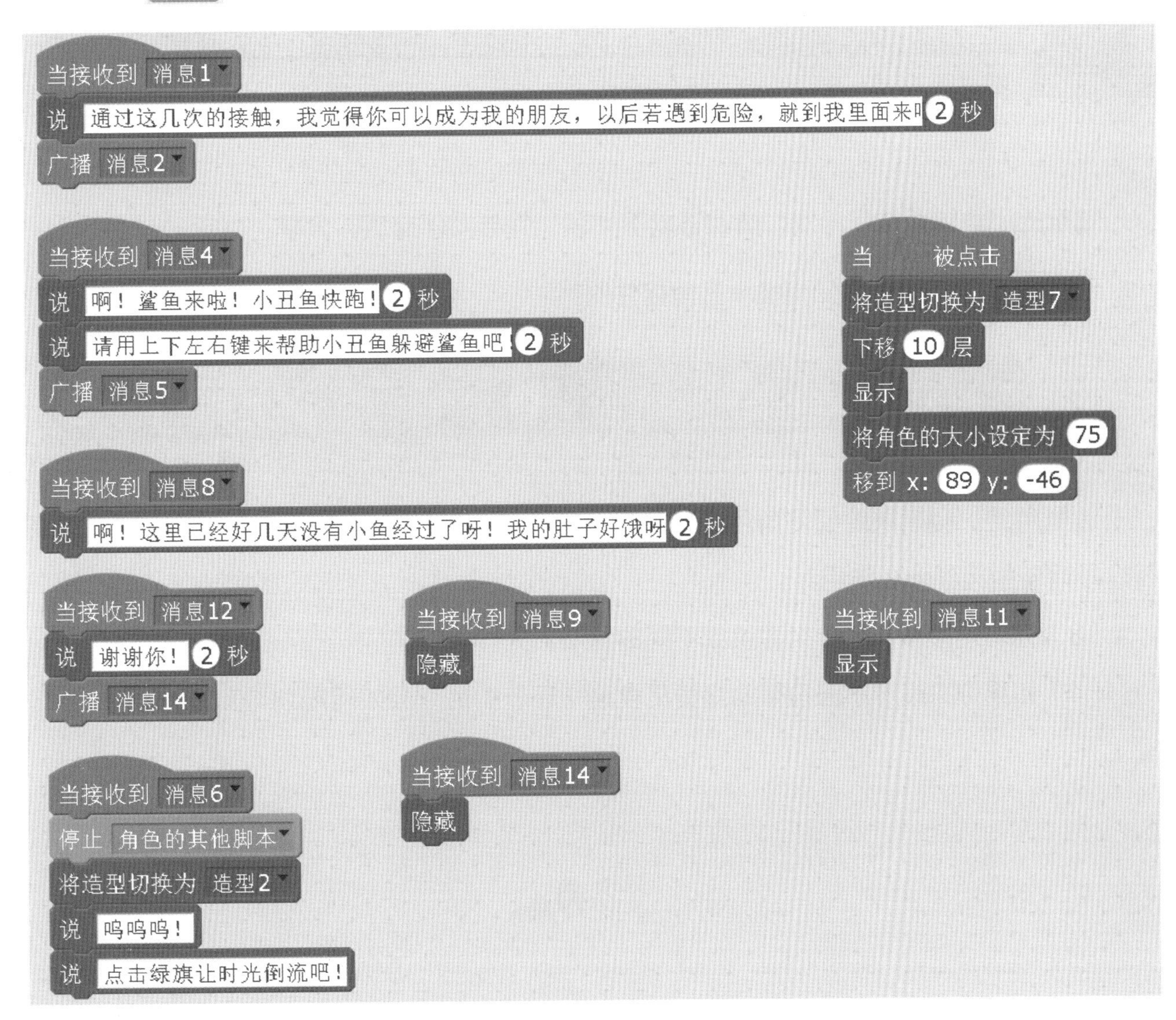

请回答以下问题，并与同伴交流、分享：

（1）海葵与小丑鱼经过磨合成为朋友后，是如何互相帮助的？

（2）海葵遇到了什么困难？

（3）它是如何提醒小丑鱼躲避危险的？

（4）这段脚本有哪些需要改进的地方？

小鱼 的脚本如下。

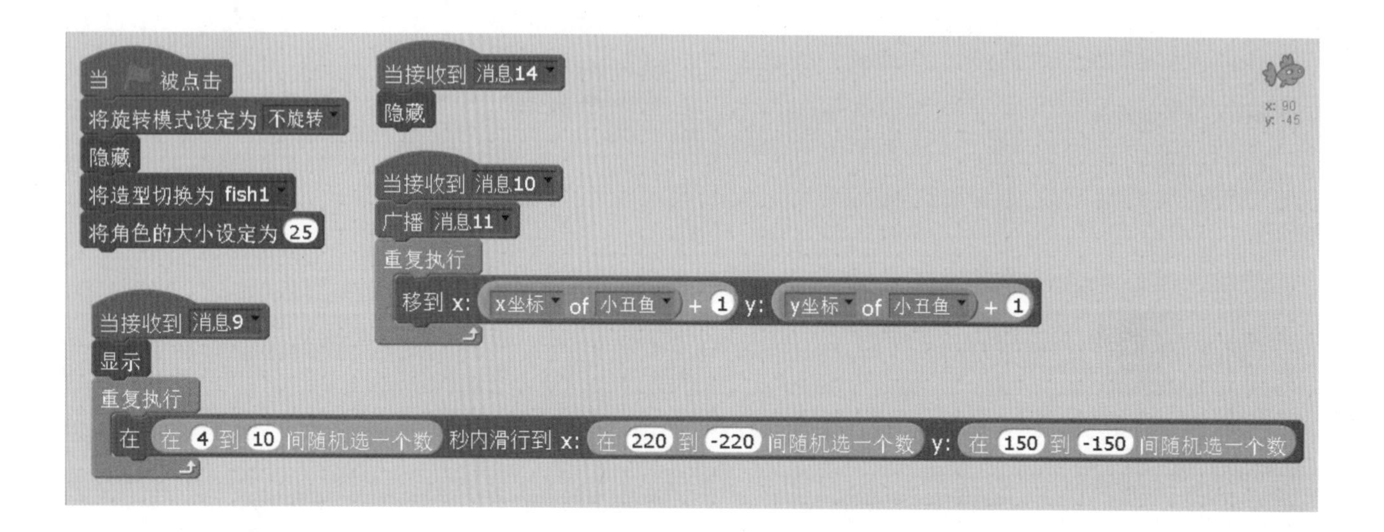

试玩捉小鱼这段交互游戏，请回答以下问题，并与同伴交流、分享：

（1）请问这条小鱼是如何被小丑鱼捉住的?

（2） 移到 x: x坐标 of 小丑鱼 + 1 y: y坐标 of 小丑鱼 + 1

这里用到侦测模块中侦测角色坐标的相关指令，通过体验谈谈侦测指令的用法，以及在这段情节中起到什么作用?

（3）你对这段情节有什么建议或不同的看法? 为什么?

（4）如果你来设计小丑鱼帮助海葵觅食这个环节的话，会如何规划与实施?

鲨鱼 的脚本如下。

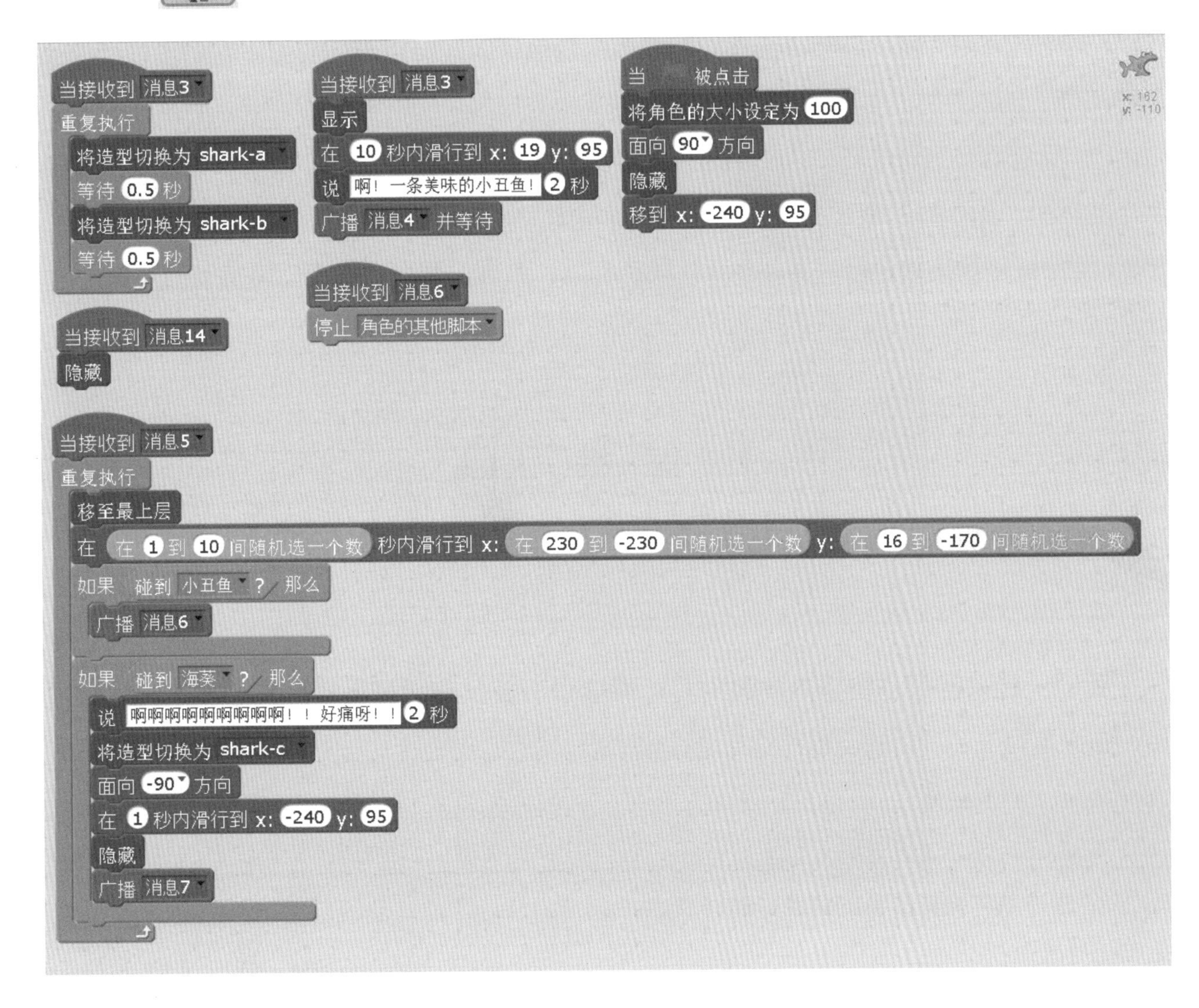

请回答以下问题，并与同伴交流、分享：

（1）卡卡他们如此设定鲨鱼的游行范围，

其用意何在？

（2）当鲨鱼碰到海葵会发生什么？

（3）这段情节体现了水中生物之间的什么关系？

（4）你对这段脚本有什么改进建议？

海洋中还有哪些生物之间存在共生互助的关系？请你设计一款Scratch作品来展现海洋里生物互相依存、互惠互利的生活方式。

（1）请结合“思 · 舵”环节来合理构架故事的角色、时间节点与相应脚本，力求设计作品思路清晰、创意独特。

（2）作品包含交互游戏环节，使用相关的侦测指令来实现游戏互动，游戏设计时注重事前状态的指引、操作时的感官反馈等，给使用者带来良好的参与感。

（3）程序能够稳定地运行，实现设计阶段的构想，合理、有序地推进故事情节的开展。

四、悟 · 帆

我们一起来回顾、检视本章的学习，请填写下表，左侧可继续自主添加学习回顾项目，右侧填写左侧项目的自检评价与个性化感悟。

学习回顾	自我检视
① 合理规划与构架故事的角色、时间节点与相应脚本。	
② 了解计算机中显示图像的类别以及矢量图与位图的特点。	
③ 了解并使用绘图编辑器设计与编辑作品角色等。	
④ 巩固并应用“广播……”与“当接收到……”等指令来综合调度和推进故事情节。	
⑤ 综合运用侦测角色的坐标、“碰到……”、“按键……是否按下”等侦测指令来实现游戏交互。	

第9章

百鱼百钱

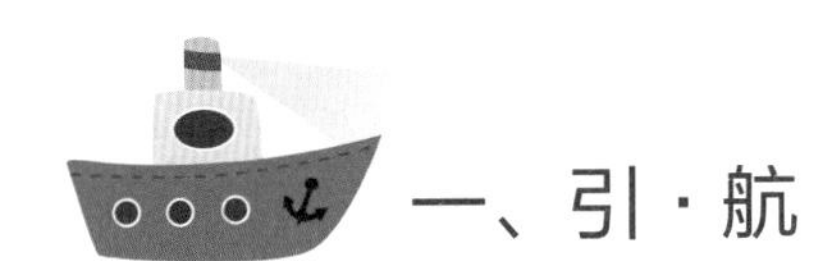

一、引·航

在一个天朗气清的午后，卡卡他们的航船停泊在港口稍作休整和补给。卡卡和小伙伴们下船在港口悠闲地散步，发现前方一个鱼摊前挤满了人，鱼摊的店牌上写了“小机灵”3个大字。这家店铺为什么吸引了这么多人呢？卡卡他们好奇地走上前去一探究竟，原来店主出了一道题目，只有回答正确的人才有资格购买这家店里的鱼。店门口围了许多人，大家七嘴八舌，都想解出这个问题，各种答案层出不穷。店主频频摇头，表示答案都不正确。卡卡凑近一打听，原来店主提出的问题是，“店里有海马、小丑鱼和沙丁鱼，海马5元1条，小丑鱼3元1条，沙丁鱼1元3条，现在需要用100元购买100条鱼（海马、小丑鱼或沙丁鱼的任意组合），请问分别购买这3种鱼多少条？”卡卡开动起脑筋：“购买海马、小丑鱼和沙丁鱼的总条数是100条，花费的总金额是100元，我可以这么计算……”

卡卡到底有没有解出谜题、顺利地买到这些鱼呢？我们可以先试玩体验卡卡编制的Scratch程序——“百鱼百钱.sb2”，了解卡卡是如何解决这个问题的。如果你来解答此题，会如何破解谜题呢？

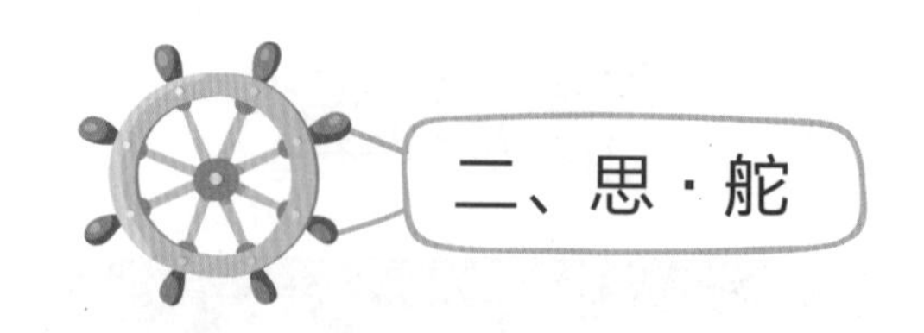

枚举算法

我们在日常生活中经常会面对这样的问题:需要在许多方案或东西中挑选出符合条件的对象。在使用计算机设计程序来解决问题时，也经常需要在众多的可能性中寻找出符合要求的对象。计算机处理信息比较快速和高效，此时可以让计算机列举出所有可能的数据，并逐一进行检验以找出符合条件的解。这种按照问题的要求，一一列举各种可能的情况，并判断这些可能的解是否符合条件。如果符合条件，则保留并采纳这个解，否则就过滤掉不符要求的解，这种方法被称为枚举算法。

使用枚举算法来解决问题时，列举和检验是最关键的两个步骤。确定列举的范围时，要注意不能遗漏可能的情况，也不要重复。随意地缩小或扩大列举的范围，会造成漏解或多解的情况。

为了确保对所有可能的解逐个列举与检验，需要重复地进行列举、检验，直到所有可能性都被检验完毕，这个过程一般会用到循环结构。而检验就是根据具体问题的指定条件做出判断，根据判断的不同结果做出反馈，这个检验的过程一般会用到分支结构。因此，枚举算法一般会用到循环结构中嵌套分支结构。下面这种积木块的组合方式是使用枚举算法来解决问题时可能会用到的脚本结构之一。

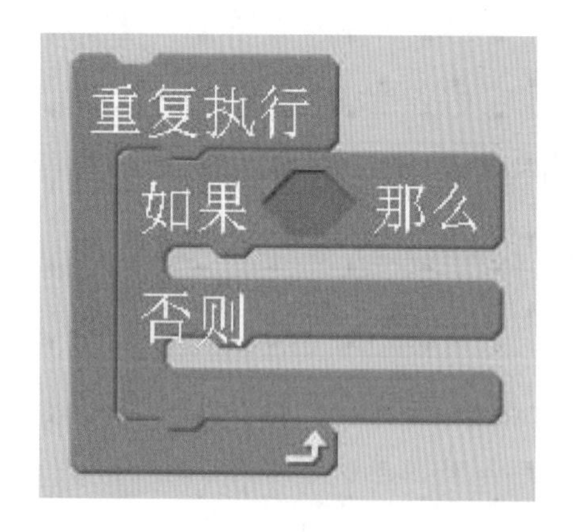

在Scratch中有多种循环结构和分支结构的积木块，请你尝试再搭建出几种枚举算法可能用到的积木块组合。

请与同伴交流和分享生活中有哪些枚举算法的应用实例?

在本章的百鱼百钱问题中，购买鱼的总条数相加等于100条，买鱼花费的金额相加等于100元。请思考并与同伴交流，列举对象的范围是什么？检验的条件是什么？

列举的范围：______________________________

检验的条件：______________________________

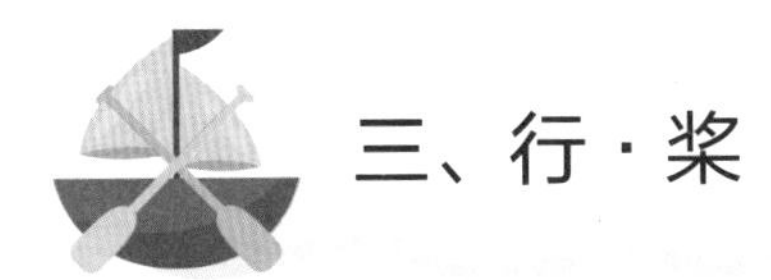

三、行·桨

1. 试桨

数据模块。

数据可以分为常量与变量：常量的值保持不变；变量在程序执行过程中，取值通常可以发生改变。在计算机程序设计语言中，变量可以用来储存程序的各种原始数据、计算的中间结果、最终结果等，通过变量名来访问变量以获取数据。

（1）新建变量。

在“数据”模块中，单击“新建变量”，可以创建一个新变量，如右图所示。

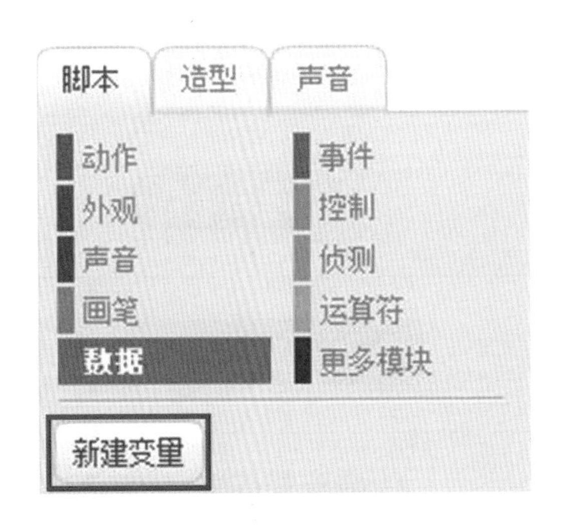

在“新建变量”对话框中输入变量的名字，并指定该变量是“适用于所有角色”还是“仅适用于当前角色”，默认的是“适用于所有角色”，即所有角色都能够使用，然后单击“确定”按钮来完成创建变量的操作，如右图所示。

在Scratch中可以使用字母、中文、数字与符号等来为变量命名，使用描述性的、有一定意义的变量名称，可以增加程序的可读性，并且便于修正与改编程序。Scratch的变量名称是区分字母大小写的，对于“love”、“LOVE”、“LOVe”、“lovE”这些变量来说，它们是4个不同的变量。在同一段程序里建议避免使用这种只有大小写区别的变量，以防发生混淆。

请你尝试新建一些变量，分别来存储购买海马、小丑鱼和沙丁鱼的条数。

（2）设置变量等。

新建变量后，数据模块中会出现一些新的积木块。例如，新建“海马条数”这个变量之后，数据模块中新出现了：☑ 海马条数　将 海马条数 设定为 0　将 海马条数 增加 1　显示变量 海马条数　隐藏变量 海马条数

这些积木块的功能如下。

指令积木块	积木块的功能
☑ 海马条数	变量名称，方框里打“√”与否可以显示或隐藏变量值显示器。
将 海马条数 设定为 0	设定变量的值，可以在白色输入框里指定相应的值。
将 海马条数 增加 1	改变变量的值，值增加或减少均可，若需要减少变量的值，将参数设为负数即可。
显示变量 海马条数	在程序执行时，显示变量值显示器。
隐藏变量 海马条数	在程序执行时，隐藏变量值显示器。

在数据模块里右键单击 海马条数 积木块，会出现如右图所示的快捷菜单，可以重命名、删除变量以及获得帮助信息。

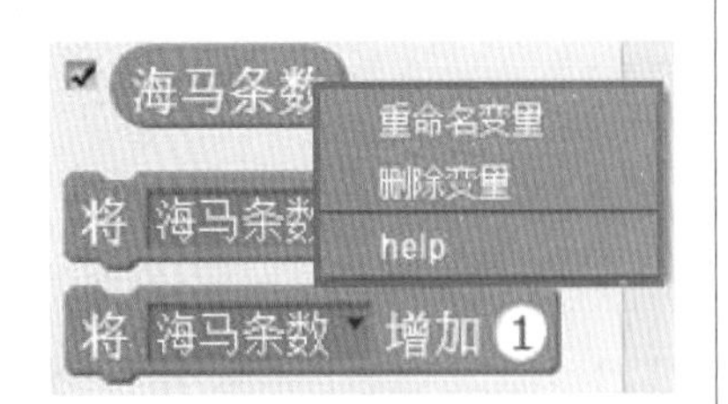

在舞台中右键单击 海马条数 0 ，会出现如图所示的快捷菜单。

正常显示
大屏幕显示
滑杆
隐藏

变量在舞台中的显示方式有以下4种：

正常显示 海马条数 0 ，大屏幕显示 0 滑杆 海马条数 0 ，以及隐藏（不显示）。其中当选择滑杆模式时，快捷菜单中会出现“设置滑块的最小值和最大值”选项，如右图所示。

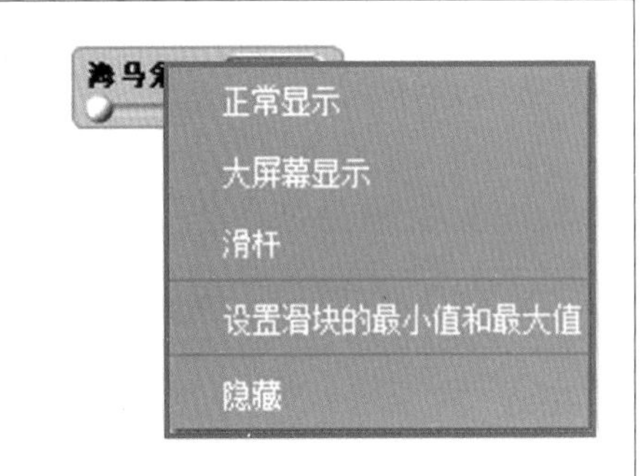

在对话框中可以输入滑杆值范围“最小”和“最大”，如右图所示。

滑杆值范围

最小：0

最大：100

确定 取消

变量结合相关的算术运算、关系运算和逻辑运算等，可以作为判断条件。例如，在百鱼百钱问题中，如果答题者回答的购买条数正确，则回应“恭喜你，答对了！”。如果之后的判断条件如右图所示，应该如何设置呢？

```
如果 < > 那么
  说 恭喜你，答对了！ 2 秒
  停止 全部
```

请拼搭下面的积木并填写相关数值来实现条件的判断，你也可以自主选择其他的积木块来实现。

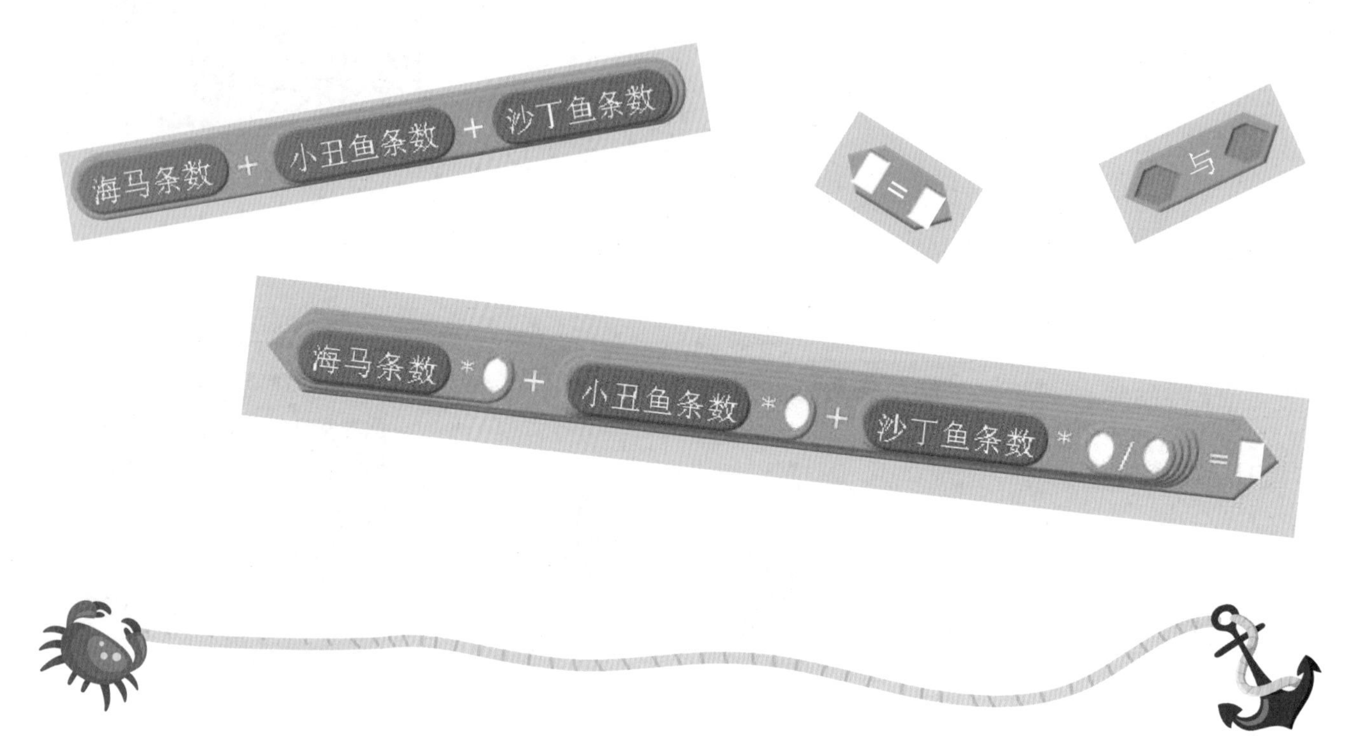

2. 践行

关于百鱼百钱问题，卡卡设计了一个Scratch程序——“百鱼百钱.sb2”，来解决这个与数学有关的实际问题。卡卡设计了程序中的以下角色，如下图所示。

卡卡首先让他的好朋友Scratch小猫来向大家提问：“你有100元，需要买100条鱼，你想到有哪些购买方案了吗？”然后根据回答者的答案正确与否，给予相应的反馈。

Scratch小猫  的脚本如下。

```
当 被点击
将 海马条数 设定为 0
将 小丑鱼条数 设定为 0
将 沙丁鱼条数 设定为 0
说 你有100元，需要买100条鱼，你想到有哪些购买方案了吗？ 3 秒
广播 开始
```

```
当接收到 购买完成
如果 ((海马条数 + 小丑鱼条数 + 沙丁鱼条数) = 100) 与 ((海马条数 * 5 + 小丑鱼条数 * 3 + 沙丁鱼条数 * (1 / 3)) = 100) 那么
    说 恭喜你，答对了！ 2 秒
    停止 全部
否则
    说 连接 你花费的金额是： (海马条数 * 5 + 小丑鱼条数 * 3 + 沙丁鱼条数 * (1 / 3)) 2 秒
    说 连接 你总共购买的条数是： (海马条数 + 小丑鱼条数 + 沙丁鱼条数) 2 秒
    说 没有完成100元买100条鱼的任务，再试一试吧！ 2 秒
    说 如果觉得实在困难，你也可以点击海洋作业帮查看答案！ 2 秒
    广播 开始
    将 海马条数 设定为 0
    将 小丑鱼条数 设定为 0
    将 沙丁鱼条数 设定为 0
```

请问上图里红框中的积木块起到什么作用?

如果你来设计脚本，会如何判断回答者的答案是否正确，并给予相关回应？与卡卡编制的脚本有哪些不同？为什么？

我们来看看卡卡为海马  这个角色编制的脚本。

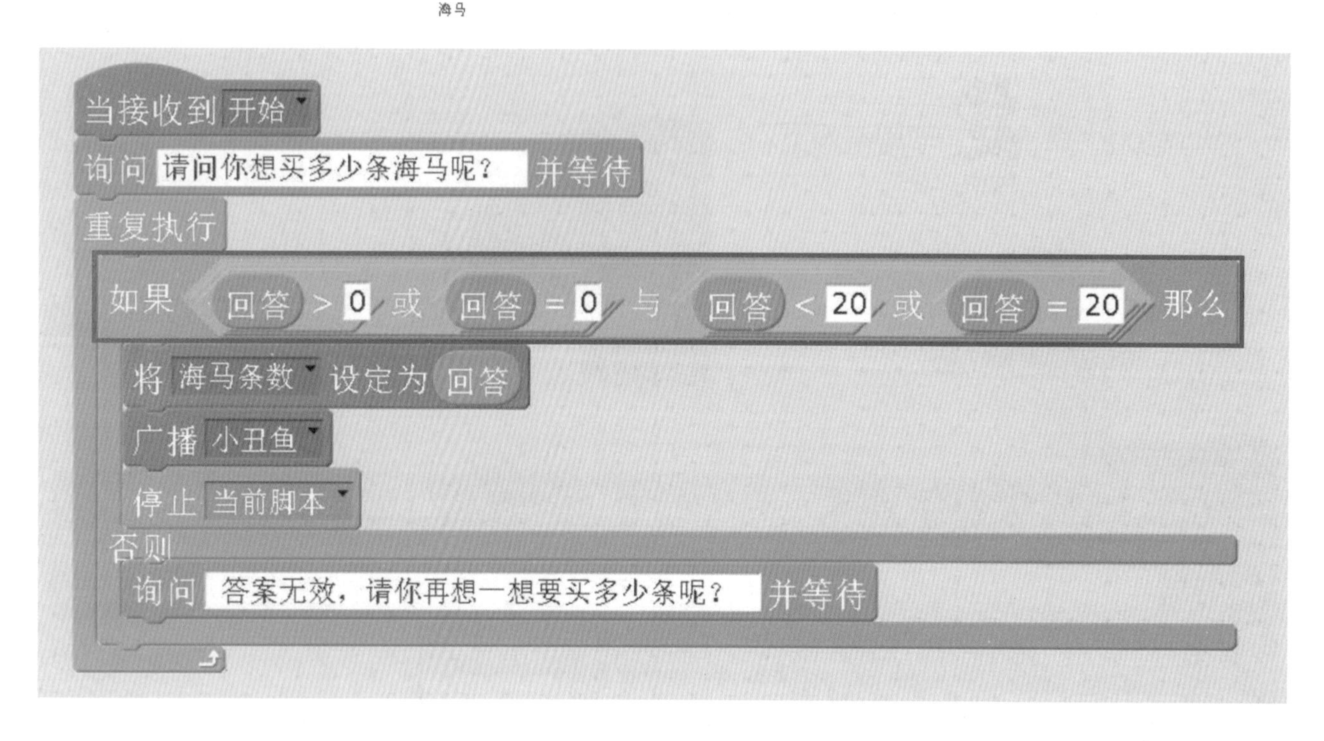

请问上图里红框中的积木块起到什么作用？为什么要对海马条数设定0~20的范围？你同意这样设定取值范围吗？

____

请问 将 海马条数 设定为 回答 的作用是什么？ ______________

小丑鱼和沙丁鱼的脚本与海马的脚本相似，小丑鱼  的脚本如下。

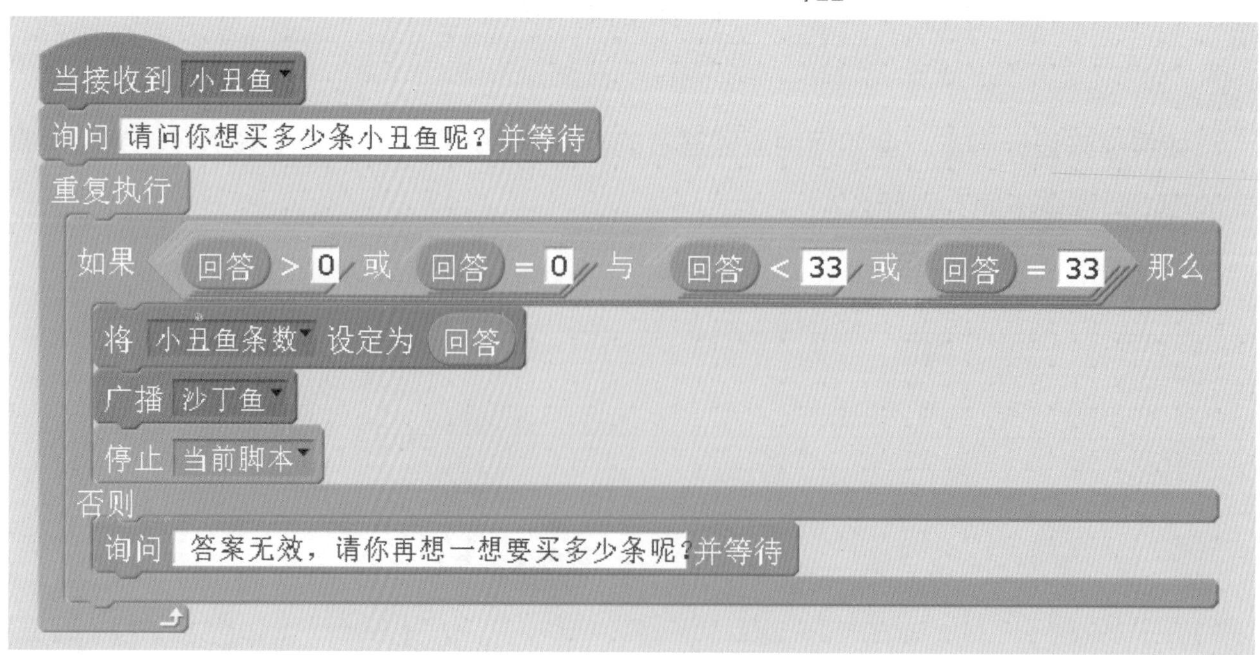

沙丁鱼 1元3条 的脚本如下。

沙丁鱼

```
当接收到 沙丁鱼
询问 请问你想买多少条沙丁鱼呢？并等待
重复执行
  如果 回答 > 0 或 回答 = 0 与 回答 < 300 或 回答 = 300 那么
    将 沙丁鱼条数 设定为 回答
    广播 购买完成
    停止 当前脚本
  否则
    询问 答案无效，请你再想一想要买多少条呢？并等待
```

如果答题者觉得问题实在有难度，也可以点击“海洋作业帮”来查看答案，作业帮 的脚本如下。

作业帮

```
当角色被点击时
将 作业帮海马 设定为 0
将 作业帮小丑鱼 设定为 0
将 作业帮沙丁鱼 设定为 0
重复执行直到 作业帮海马 > 20          （外层循环）
  将 作业帮小丑鱼 设定为 0
  重复执行直到 作业帮小丑鱼 > 33      （内层循环）
    将 作业帮沙丁鱼 设定为 100 - 作业帮海马 - 作业帮小丑鱼
    如果 作业帮海马 + 作业帮小丑鱼 + 作业帮沙丁鱼 = 100 与 5 * 作业帮海马 + 3 * 作业帮小丑鱼 + 1 / 3 * 作业帮沙丁鱼 = 100 那么      （枚举检验的条件）
      说 连接 连接 海马 连接 作业帮海马 连接 条，小丑鱼 连接 作业帮小丑鱼 连接 条，沙丁鱼 作业帮沙丁鱼 条。 2 秒
    将 作业帮小丑鱼 增加 1
  将 作业帮海马 增加 1
```

卡卡在作业帮环节寻找符合条件的购鱼方案时，用到了枚举算法。当检验可能的解是否符合条件时，使用了分支结构来判断购买100条鱼的总价为100元这个条件是否成立。如果符合条件，程序就输出正确的购买方案，告诉大家每种鱼各买多少条，如下图所示。

```
如果 作业帮海马 + 作业帮小丑鱼 + 作业帮沙丁鱼 = 100 与 5 * 作业帮海马 + 3 * 作业帮小丑鱼 + 1 / 3 * 作业帮沙丁鱼 = 100 那么
  说 连接 连接 海马 连接 作业帮海马 连接 条，小丑鱼 连接 作业帮小丑鱼 连接 条，沙丁鱼 作业帮沙丁鱼 条。 2 秒
```

一些复杂的枚举算法，可能会涉及循环结构的嵌套。例如，本章中的百鱼百钱问题要在众多的购买组合中挑选出符合“花费100元买100条鱼”这个要求的方案。卡卡在作业帮环节列举所有的可能情况时，设定购买海马条数的范围是0~20，购买小丑鱼条数的范围是0~33，购买沙丁鱼条数由下面的计算得出：

100-购买海马的条数-购买小丑鱼的条数。

由于这里需要列举的是涉及多个变量的组合购买方案，列举所有可能性时用到循环结构的嵌套。作业帮海马是控制外层循环的循环变量，作业帮小丑鱼是控制内层循环的循环变量。

在嵌套循环的结构中，外层循环的变量每变化1次，内层循环要完成整个循环。这和时钟比较相似，分针完成整个循环——走了60格，时针才完成1次变化——走了1格。请设计下面未完成的表格并填写完整，体会嵌套循环的结构中外层循环和内层循环变量的变化过程和原理。

外层循环的次数	作业帮海马条数	作业帮小丑鱼条数	内层循环的次数
1	0	0	1
	0	1	2
	0	2	3
	0	……	……
	0	33	34
2	1	0	1
	1	1	2
	1	2	3
	1	……	……
	1	33	34
……			

请问在作业帮 作业帮 的脚本中，将 作业帮小丑鱼 增加 1 和 将 作业帮海马 增加 1 这两个积木块起到的作用是什么？

将 作业帮小丑鱼 增加 1 ：________________

将 作业帮海马 增加 1 ：________________

请你设计并制作Scratch程序：

（1）此时卡卡手中有10元和20元两种纸币，要付100元买鱼款，请问纸币的组合方式有哪些？请编制Scratch作品来找出所有可能的纸币组合方式。

（2）你也来出一道与百鱼百钱相似或更为精妙的问题，编制Scratch作品来寻找出所有符合条件的方案，并检验答题者的回答是否正确。你使用的方法与卡卡有所不同吗？为什么？

____

程序制作完成后，与同伴交换互玩程序，相互体验、欣赏作品，从技术、情节、造型、主题、界面、创意等方面多维度地进行评价，并给予改进建议。

<table>
<tr><td colspan="2">作品名称：</td></tr>
<tr><td>喜欢的理由：☐技术 ☐情节
☐造型 ☐主题
☐界面 ☐创意
详细说明理由：
①
②
③</td><td>给出的改进建议：
①
②
③
④
⑤
⑥</td></tr>
</table>

我们一起来回顾、检视本章的学习，请填写下表，左侧可继续自主添加学习回顾项目，右侧填写左侧项目的自检评价与个性化感悟。

学习回顾	自我检视
① 理解枚举算法的思想与特征，领悟列举与检验数据的方法。	
② 理解循环结构嵌套的原理和执行过程。	
③ 体验程序设计融合数学方法来解决具体问题，提升理解数据与归纳数据的能力。	
④ 理解并掌握变量的概念与基本操作：新建变量与设置变量等。	
⑤ 应用变量并结合相关的算术运算、关系运算、逻辑运算来作为判断条件。	
⑥ 巩固并应用侦测模块的“询问……并等待”和“回答”指令来实现获取数据、程序交互等功能。	

第10章

鱼儿成长记

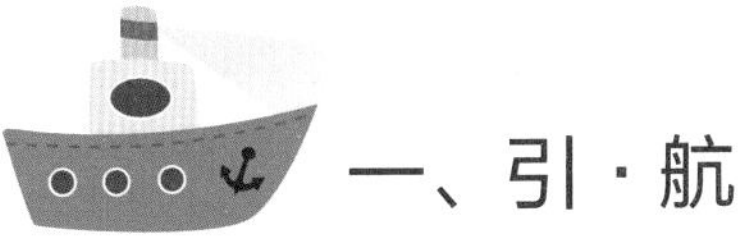

一、引·航

在广袤的海域里生活着各种各样的生物，这些生物在海洋的怀抱中不断得到滋养，渐渐地长大、成熟。卡卡在航程中认识了许多海洋里的新朋友，如沙丁鱼、小丑鱼、海葵……卡卡和小伙伴们在探游海洋的旅程中开展了一系列鱼类观察实验，发现鱼儿在生长不同阶段吃的食物不尽相同。有些鱼幼时只能吃一些虾米、浮游生物，等长大一些可以吃些小鱼，再成熟一些就可以吃……这如同人类的成长一般，当卡卡还是襁褓中的婴儿时，母亲的乳汁滋养着他长大，过了段时间之后，他可以吃果泥等辅食，等他再大一点了，就可以享用美味的饭菜、冰激凌……在观察鱼类成长的过程中，卡卡发现成长与进阶是生长的主流，可外来的危险会不经意间像烟一样冒出来。有一条可怜的鱼儿不幸地被人类抛入海中的废弃物所割伤，不禁哀泣着，请求大家来保护它赖以生存的海洋家园。卡卡设计了“鱼儿成长记.sb2”这个作品来记录鱼类的成长过程，从鱼宝宝生长为大鱼要经历一段不短的路程……以下的画面是“鱼儿成长记.sb2”这个作品的部分场景。

Growing
Fish
开始

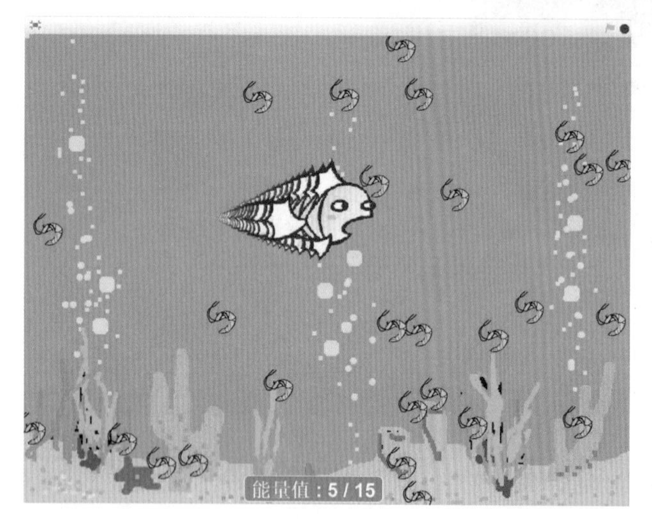
能量值：5 / 15

能量值：44 / 60

能量值：239 / Max

让我们一起来保护海洋环境吧！！！
能量值：285 / Max

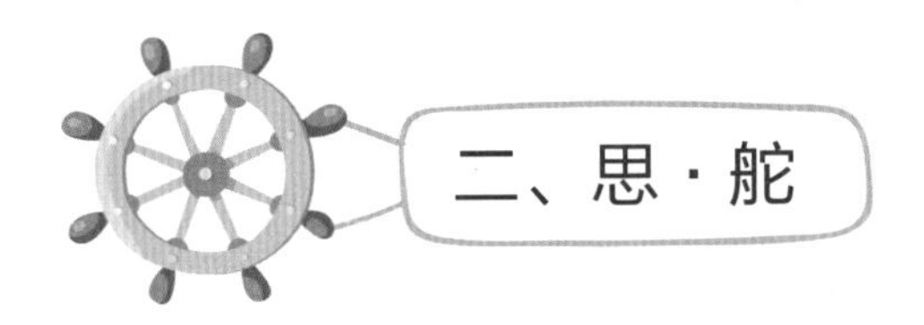

从鱼宝宝长成为大鱼，需要经过一系列成长阶段，在不同的阶段食用相应的食物来补充能量，当能量累积到一定程度时，会进阶提升到新的生长阶段。卡卡观察了鱼类的生长过程，使用思维导图这个图像式思考辅助工具来设计鱼的进阶生长情节，卡卡绘制的思维导图如下所示。

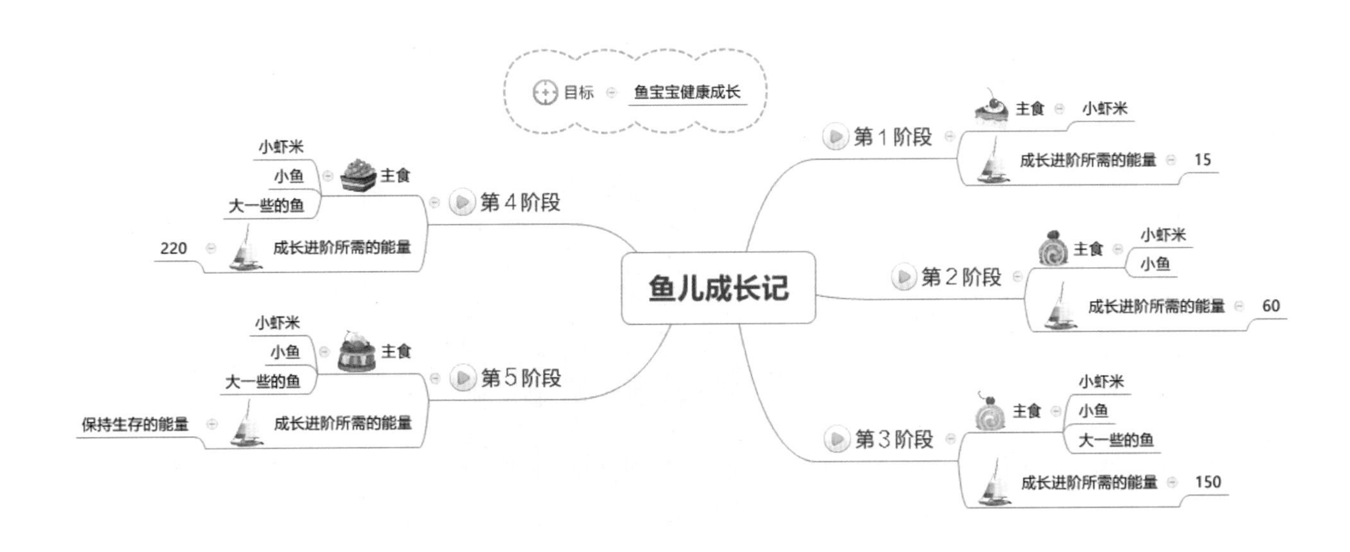

请你以一种喜爱的海洋生物的成长过程为关键词，引发形象化的关联和分类思考，绘制相关的思维导图。

三、行·桨

1. 试桨

在第9章我们了解到：变量可以用来储存程序的各种原始数据、计算的中间结果、最终结果等，但如果需要存储一系列的值，单一的变量就很难做到。链表是存放一系列变量的数据结构，创建链表时需要指明链表的名称。例如，下图所示的链表名称为“大洋”，太平洋是“大洋”这个链表第1项的值，大西洋是“大洋”这个链表第二项的值……当前链表共有4项数据。我们就来学习在Scratch中创建链表吧。

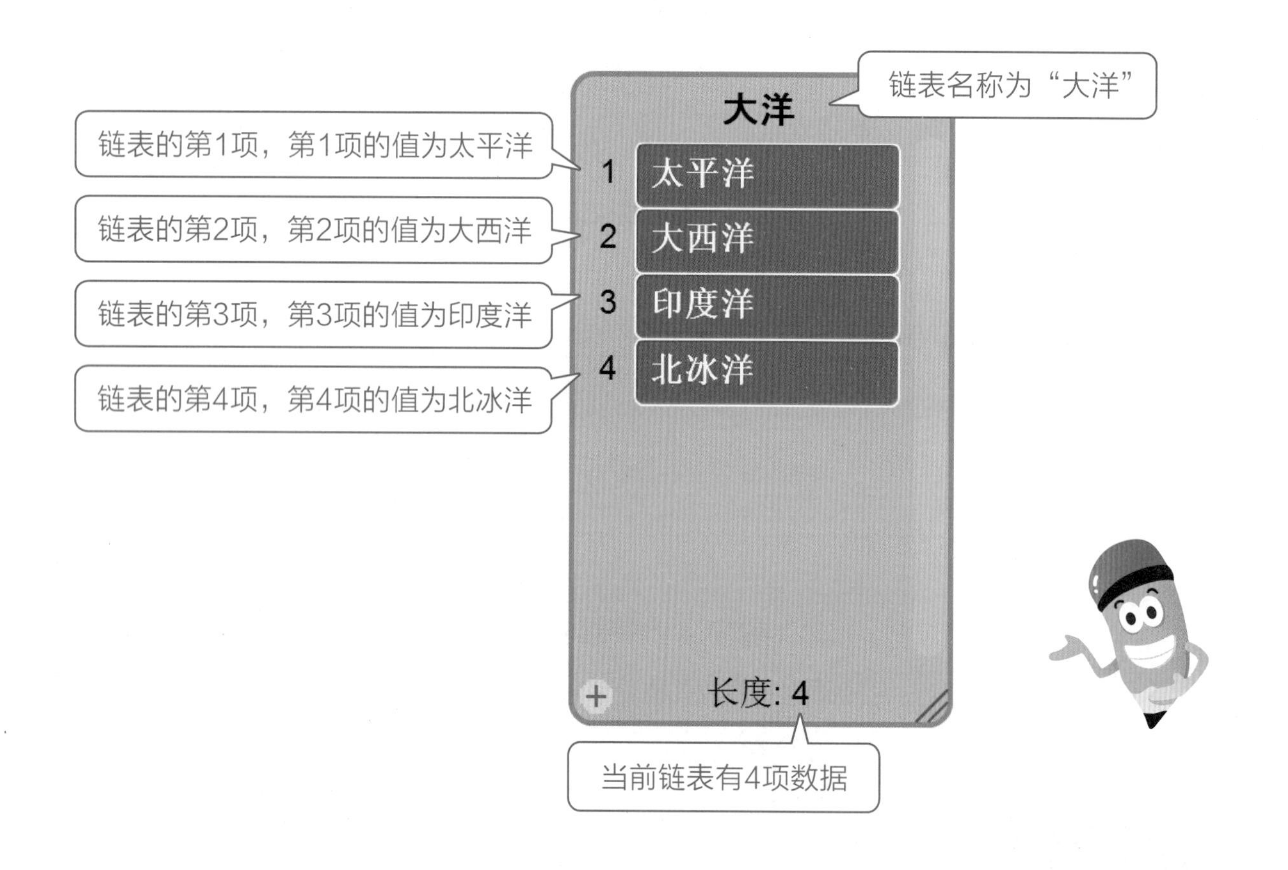

数据模块：

（1）新建链表。

在“数据”模块中，单击“新建链表”，可以创建一个新链表，如右图所示。

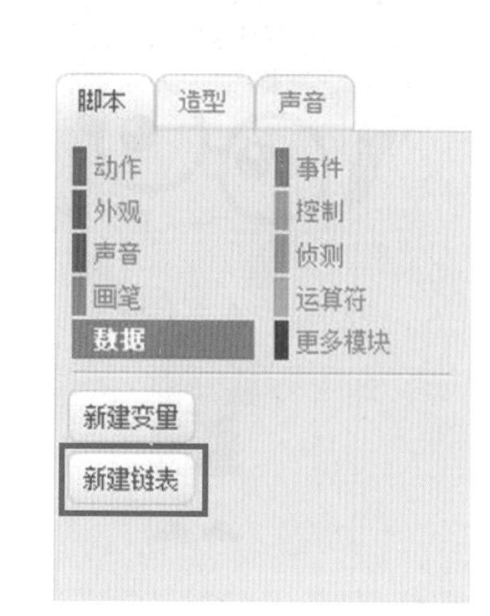

在“新建链表”对话框中输入链表的名字，并指定该链表是“适用于所有角色”还是“仅适用于当前角色”，默认的是“适用于所有角色”，即所有角色都能够使用，然后单击“确定”按钮来完成创建的链表操作，如右图所示。

新建链表

链表名称:

适用于所有角色　仅适用于当前角色

确定　取消

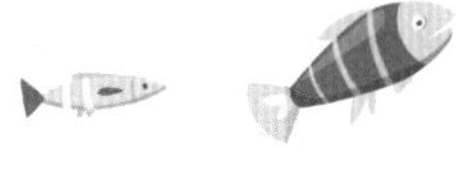

（2）设置链表等。

新建链表后，数据模块中会出现一些新的积木块。例如，新建“成长阶段”这个变量之后，数据模块中新出现以下积木块，它们的功能如下。

积木块	积木块的功能
成长阶段	链表名称，方框里打“√”与否，可以显示或隐藏链表值显示器
将 thing 加到 成长阶段 列表	把新的值添加到链表的末尾处
delete 1 of 成长阶段	删除链表中指定项的值
insert thing at 1 of 成长阶段	在指定项处插入相应的值
replace item 1 of 成长阶段 with thing	把指定项的值替换为另一个值
item 1 of 成长阶段	获取指定项的值
成长阶段 的长度	返回链表中包含多少项数据
成长阶段 包含 thing ?	返回链表里是否包含特定的值
显示列表 成长阶段	舞台里显示链表值显示器
隐藏列表 成长阶段	舞台里不显示链表值显示器

单击右图中的“+”，也可以在链表中加入数据。请你尝试创建一个链表，名称为“海”，在链表中输入你知道海的名称。与同伴交流并查阅相关资料后，不断地增加新了解到的有关海的数据。

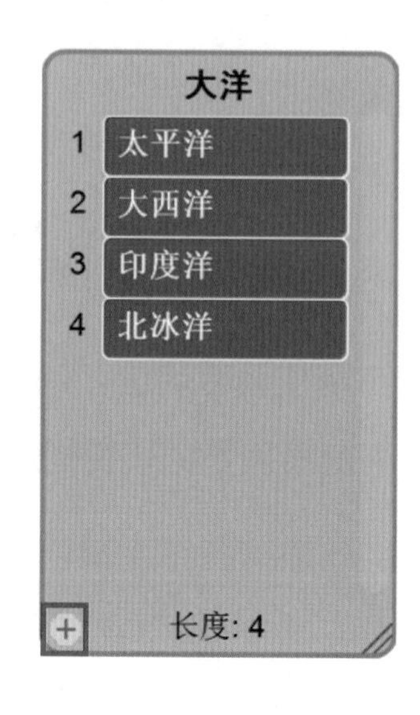

2. 践行

在卡卡编制的“鱼儿成长记.sb2”程序中，卡卡设计了以下角色和舞台，如下图所示。

为了展现鱼儿生长过程中的不同外形，卡卡为鱼儿设计了一些不同的造型，如右图所示。

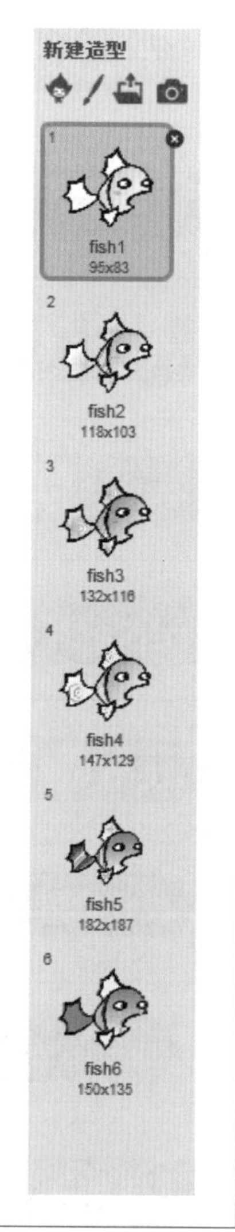

你是否觉得这条小鱼似曾相识呢？这些鱼的造型是从Scratch自带的角色库中添加了一条鱼之后，使用Scratch绘图编辑器加工、演变而来的。卡卡编制这个程序作品，使用了以下变量和链表，如右图所示。

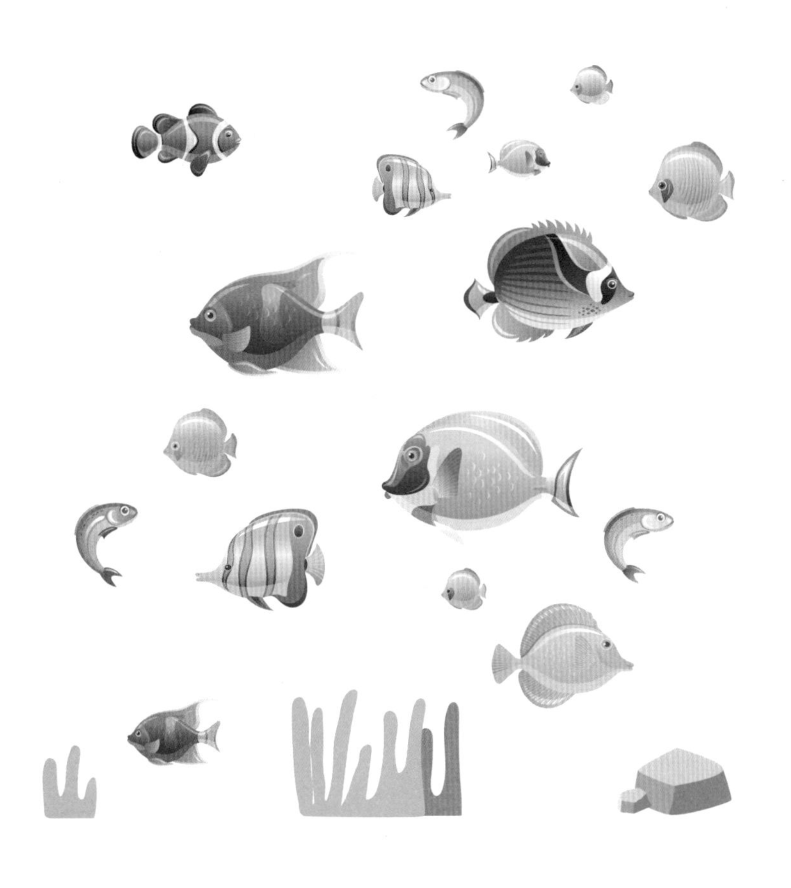

请试玩“鱼儿成长记.sb2”并初步解读脚本，与同伴交流，这些变量和链表的作用分别是什么？卡卡如此设置变量和链表的用意何在？如果你来展现鱼类成长这段故事情节，你会如何设置变量或链表？它与卡卡设置的变量或链表有什么不同？为什么？

下面我们来研读、解析和共同搭建的几段脚本。

如下图所示的这段脚本对链表“成长阶段”进行删除、插入……到链表的第……项等一系列操作的功能和设计意图是什么？

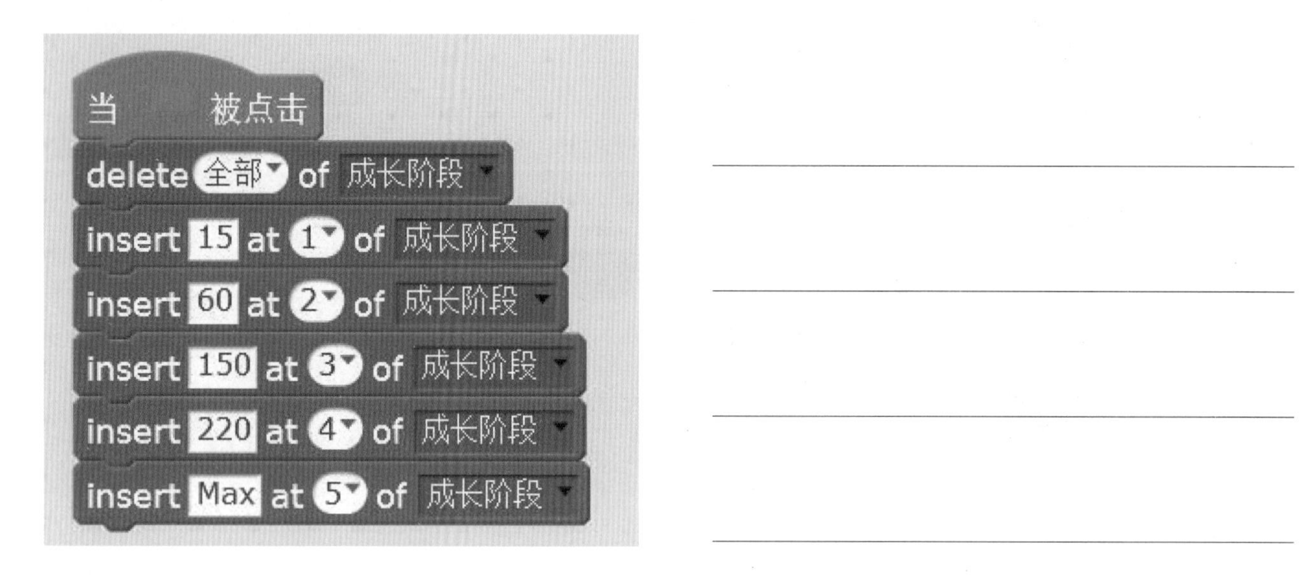

为了使鱼儿游动的身姿更为灵动，卡卡编写了以下这段脚本，并设置了一些变量的初值。

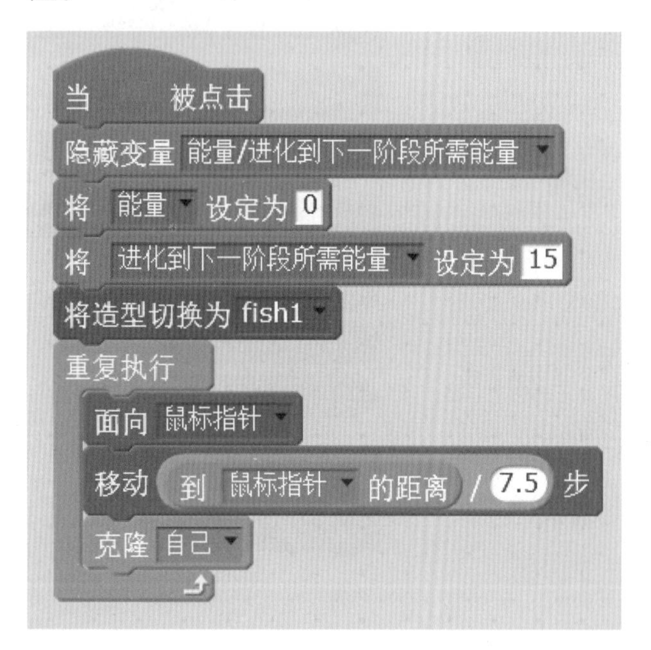

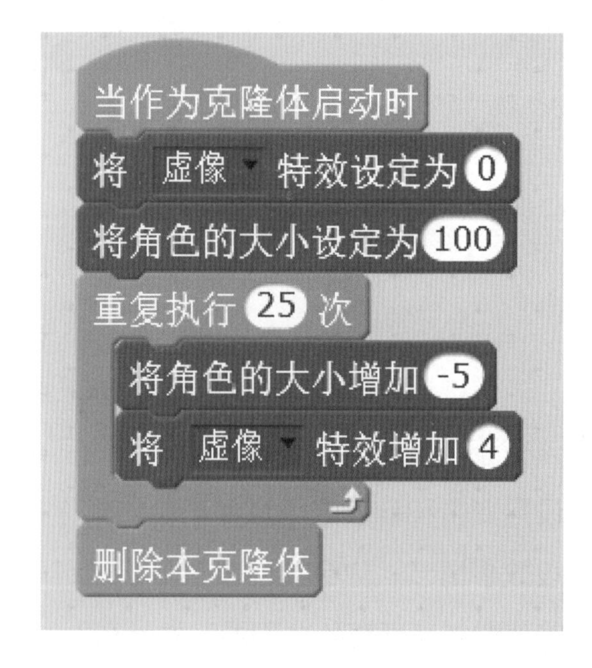

你觉得卡卡设计的鱼儿的游动效果如何？喜欢鱼儿这样的动态变化吗？如果你来设计鱼儿在水中游动时的体态变化，会如何编制脚本？

请从下面3个与链表相关的积木块

item 1 of 成长阶段　　item 末尾 of 成长阶段　　item 随机 of 成长阶段

中，选择合适的一块补充填入下图箭头所指的空白处，来推进鱼儿不断地成长。

当 被点击
重复执行
如果 能量 = 进化到下一阶段所需能量 或 能量 > 进化到下一阶段所需能量 那么
将 阶段 增加 1
delete 1 of 成长阶段
将 进化到下一阶段所需能量 设定为
下一个造型
广播 新阶段

请拼搭下面的积木来实现鱼儿在不同的成长阶段食用相应等级的食物，并获取不同的能量来茁壮生长，你也可以尝试使用其他方法并自主选择对应的积木块来实现这段情节。

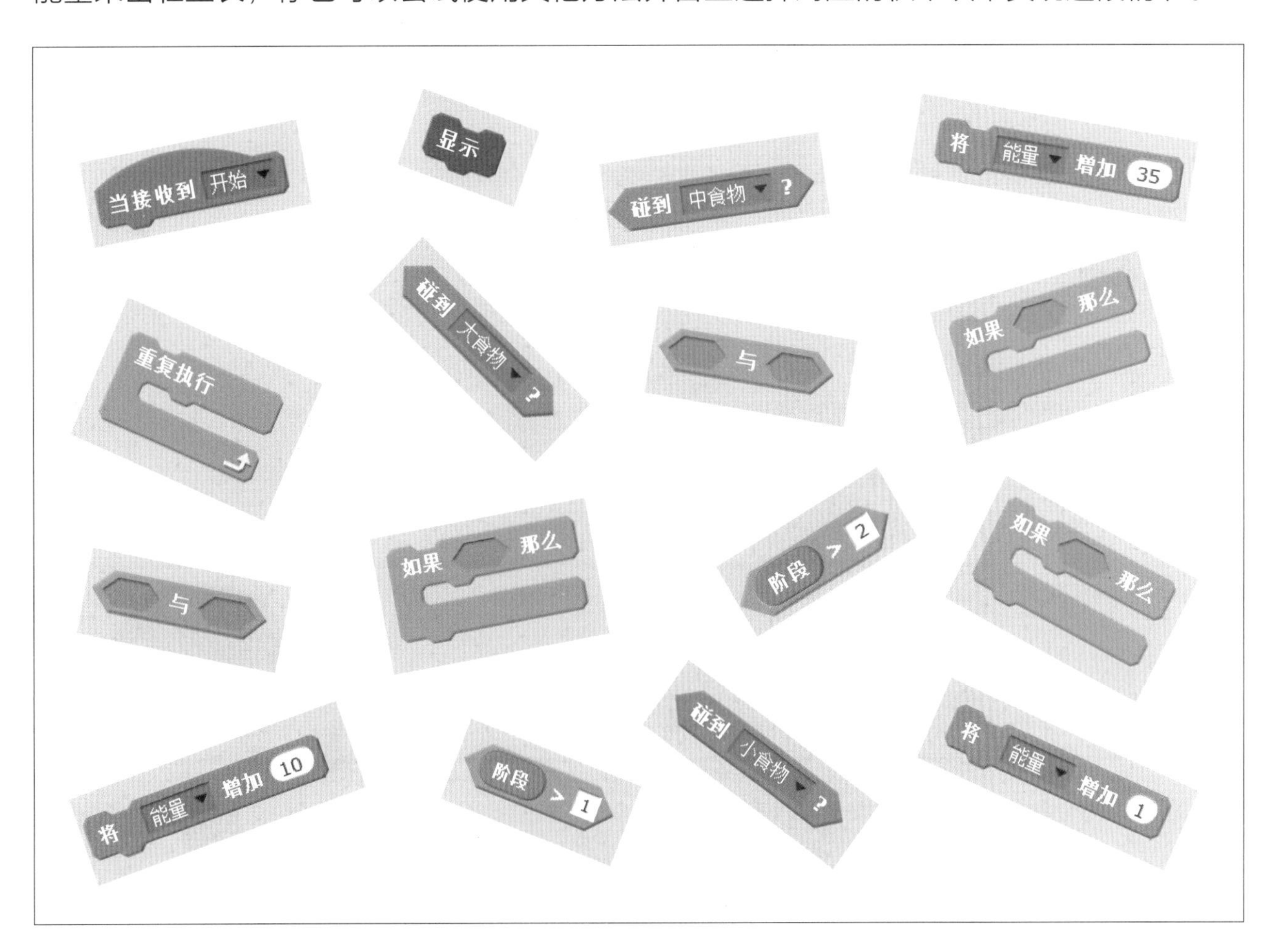

请在下图箭头所指的空白处补充填入合适的变量，使这段脚本可以完整、顺畅地表达鱼儿当前的成长状态。

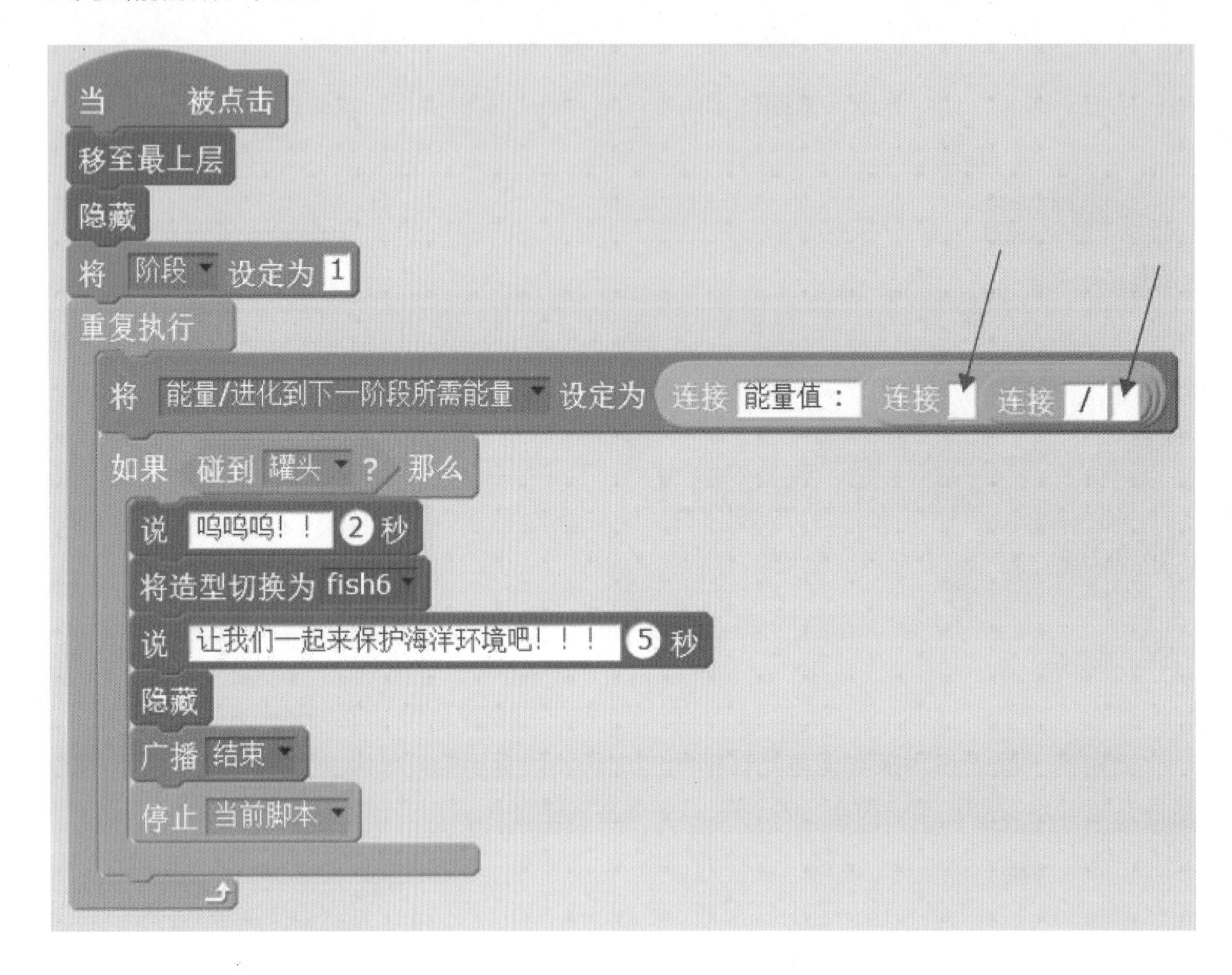

我们再来看看其他部分角色的脚本。

的脚本

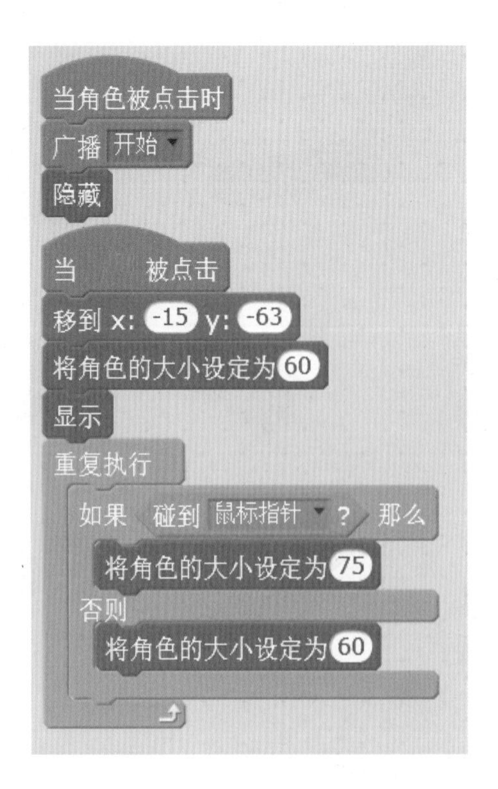

的脚本

```
当 被点击
隐藏
将角色的大小设定为 10
面向 45 方向

当接收到 开始
重复执行
    等待 在 0 到 1.5 间随机选一个数 秒
    克隆 自己

当作为克隆体启动时
显示
移到 x: 在 -240 到 240 间随机选一个数 y: 在 -180 到 180 间随机选一个数
重复执行
    如果 碰到 little fish ? 那么
        删除本克隆体

当接收到 结束
隐藏
停止 全部
```

的脚本

```
当 被点击
隐藏
将角色的大小设定为 30
面向 45 方向

当接收到 开始
重复执行
    等待 在 20 到 30 间随机选一个数 秒
    克隆 自己

当作为克隆体启动时
显示
移到 x: 在 -240 到 240 间随机选一个数 y: 在 -180 到 180 间随机选一个数
重复执行
    如果 碰到 little fish ? 与 阶段 = 2 或 阶段 > 2 那么
        删除本克隆体

当接收到 结束
隐藏
停止 全部
```

的脚本

```
当 被点击
隐藏
将角色的大小设定为 50
面向 45 方向

当接收到 开始
显示变量 能量/进化到下一阶段所需能量
重复执行
    等待 在 30 到 40 间随机选一个数 秒
    克隆 自己

当作为克隆体启动时
显示
移到 x: 在 -240 到 240 间随机选一个数 y: 在 -180 到 180 间随机选一个数
重复执行
    如果 碰到 little fish ? 与 阶段 = 3 或 阶段 > 3 那么
        删除本克隆体

当接收到 结束
隐藏
停止 全部
```

请从技术、情节、造型、主题、界面、创意等方面来评价“鱼儿成长记.sb2”这件作品，并给予改进建议。

<table>
<tr><td colspan="2">作品名称：“鱼儿成长记.sb2”</td></tr>
<tr><td>喜欢的理由： □ 技术 □ 情节
□ 造型 □ 主题
□ 界面 □ 创意
详细说明理由：
①
②
③</td><td>给出的改进建议：
①
②
③
④
⑤
⑥</td></tr>
</table>

请你与小伙伴们一起想象、构思情节，讨论作品大纲，抽象与建模，以你们在前面“思·舵”环节绘制的思维导图为基础，共同设计、创作Scratch作品，来描述一种你们喜爱的海洋生物的成长过程。

设计构思	制作规划

抽象与建模。

场景表

场景	简介	角色列表	备注

角色表

角色	简介	外观	动作	……	角色间互动

程序完成后，先来自测一下程序，并总结作品特色与亮点。

自测时发现的问题	如何解决	解决的结果 （完全解决/部分解决/无法解决）	总结作品特色与亮点

接下来与他人交换互玩程序，相互体验、欣赏作品，从技术、情节、造型、主题、界面、创意等方面多维度地进行评价，并给予改进建议。

<table>
<tr><td colspan="2">作品名称：</td></tr>
<tr><td>喜欢的理由：□ 技术 □ 情节
□ 造型 □ 主题
□ 界面 □ 创意
详细说明理由：
①
②
③</td><td>给出的改进建议：
①
②
③
④
⑤
⑥</td></tr>
</table>

根据他人的评价和建议，进一步修正、完善作品。

他人具有建设性、启发性的建议与意见	本人根据左侧建议与意见的调整措施	修正与完善的效果

四、悟·帆

我们一起来回顾、检视本章的学习，请填写下表，左侧可继续自主添加学习回顾项目，右侧填写左侧项目的自检评价与个性化感悟。

学习回顾	自我检视
① 巩固掌握使用思维导图来辅助思考、构思与设计作品。	
② 了解链表的含义，理解变量和链表的关联，可以根据需求选择使用合适的变量或链表。	
③ 掌握链表基本操作：删除链表、插入……到链表的第……项、设定……为链表的第……项等。	
④ 巩固并应用侦测模块里的“到鼠标指针的距离”、“碰到……”等指令。	
⑤ 掌握使用克隆功能结合特效设置来设计有创意的动态变化效果。	

第11章

海洋笔记

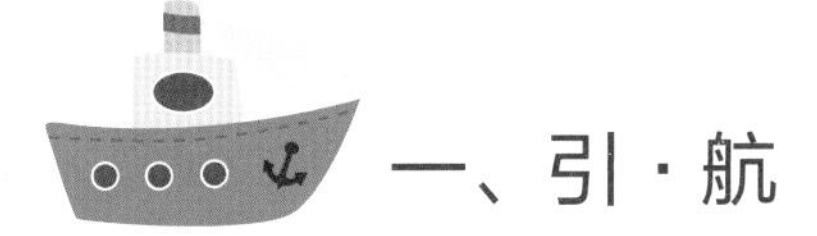

一、引·航

在一路航程中，卡卡与小伙伴们邂逅了一幕幕美景、穿越了重重迷障险阻、探索了诸多先前未知的领域。卡卡是个充满好奇心、勤学善思的孩子，与同伴们一起探究、知晓了许多关于海洋、舰船、水中生物的新知。例如，鱼宝宝在海洋怀抱中自我成长，从稚嫩走向成熟；海洋生物与周遭环境相融合与适应，通过团队协作来实现安全防御；不同生物间共生依存、互惠互助，正如团队伙伴们之间相互扶持、携手并进。卡卡把这些都记录在海洋笔记里，渐渐地笔记中的内容愈来愈多，想要在这些庞杂的海量信息中高效、快速地检索到目标数据，耗费的时间也日益增加。于是，卡卡设计、创作了两个Scratch程序——“顺序查找.sb2”与“对分查找.sb2”来检索信息，什么是顺序查找和对分查找呢？这两款作品有哪些区别？两种查找方法对数据队列有什么不同要求？哪种方法查询的效率更高呢？在解答这些疑问前，请你先来体验一下卡卡制作的这两个Scratch作品，程序界面如上图所示，在海洋笔记中查一查你想了解的海洋生物，看看海洋笔记中有相关记载吗？如果有相应的记录，卡卡都写了些什么？

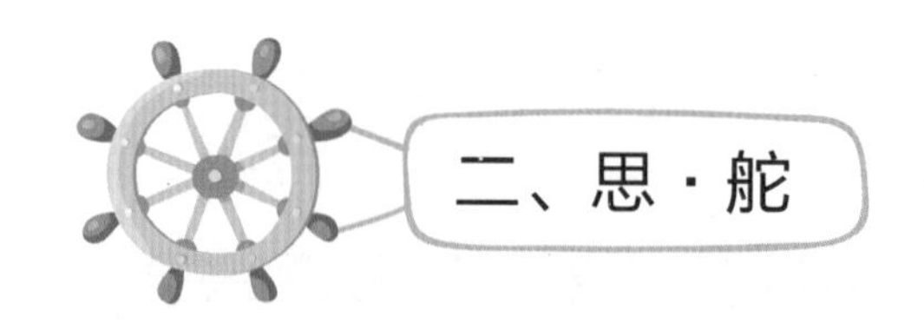

二、思·舵

学习本章前，请对下表中所述观点进行判断，并将结果写在表格左侧。

如果你认为这个观点正确，请写“√”；

如果你认为这个观点不正确，请写“×”；

如果你无法判断观点正确与否，请写“？”。

在学习本章后，再来审视这些观点，你的判断是否有所改变？如果你的判断有变化，请说明依据。

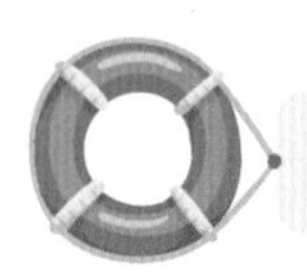

请对观点进行多轮修正，并将修正后的观点作为拓展学习的指引。

学习前（“√/×/？”）	观点	学习后（“√/×/？”）	如果学习后判断发生变化，请说明依据
	进行查找时被查找的数据必须是有序的。		
	被查找的数据必须是数字。		
	查找的方法很多，对于不同的数据结构有不同的查找方法；数据必须是数字。		
	顺序查找算法具有很高的效率。		

1. 词汇练习

请解释并与同伴讨论下表中的词汇含义，可以进行多轮修正，请注明从何处得知和修正，也可自主增加相关词汇并解释。

词汇	含义	如何得知/修正
查找	在计算机科学中定义：在一些（有序的/无序的）数据元素中，通过一定的方法找出与给定关键字相同的数据元素的过程叫做查找。也就是根据给定的某个值，在查找表中确定一个关键字等于给定值的记录或数据元素。	
顺序查找		
对分查找		
算法复杂性		
（自主添加）		

顺序查找和对分查找是常用的两种查找方法。

2. 顺序查找

输入：查找键（被查找的数据）。

处理：按照元素的先后次序，逐一检验是否和被查找的数据相等。

输出：若找到目标，结果为“数据所在的数据队列中的具体位置”；若没有找到目标，结果为“没找到”。

请试玩查找海洋笔记的“顺序查找.sb2程序”，分别在海洋笔记中查找海星和猴子，请问能找到相关的数据吗？如果找到，它们在第几页？笔记里记载了哪些与之相关的内容？

查找 starfish 的结果是 ________________________________。

查找 monkey 的结果是 ________________________________。

顺序查找其实也是一种枚举算法，我们尝试用流程图来描述顺序查找。

例如，使用顺序查找算法在有具有6个元素的一组数据中查找一个特定的数据，请绘制流程图描述该算法，你可以自主绘制，也可参考下图给出的一些提示（流程图中会用到的框图）。

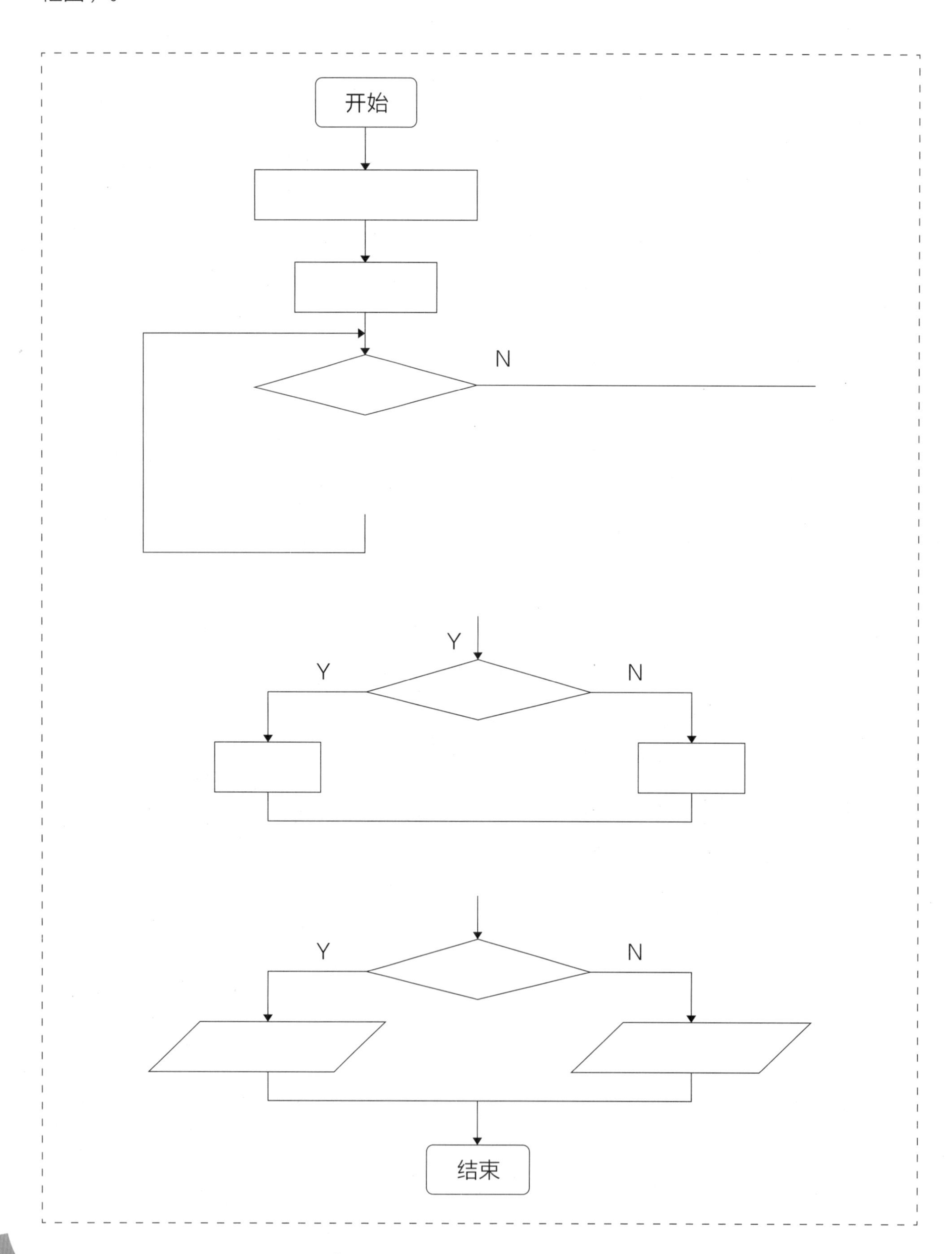

如果觉得拼搭流程图有困难，下图给出拼搭完成流程图的框架。

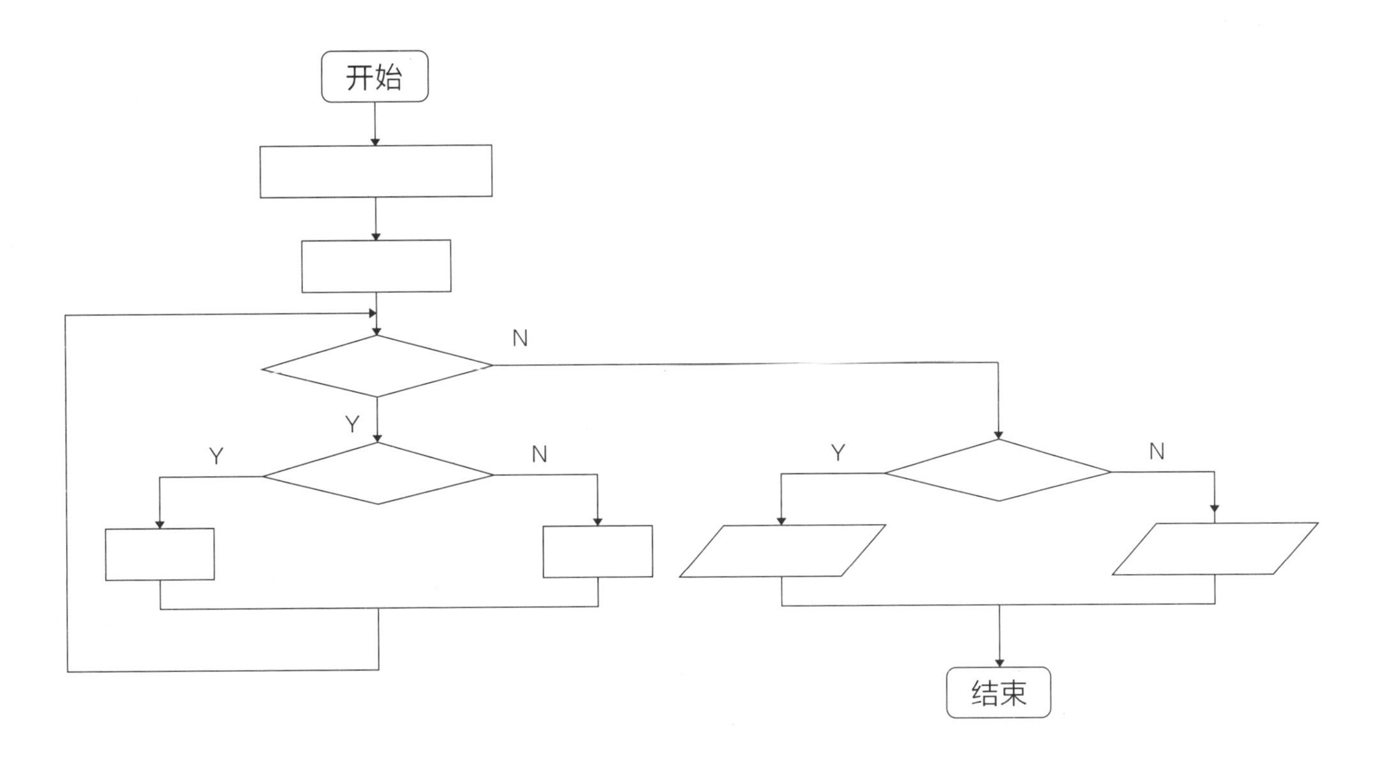

如果觉得还是有难度，请看框图处的填充提示。

设定需要查找的数据a

i=1，s=0

i<7 and s=0

第i个元素值等于a

s=i

i=i+1

s=0

输出查找结果（没找到）与比较次数i−1

输出查找结果（具体页码）与比较次数i

下图是卡卡绘制的流程图，描述使用顺序查找算法在具有6个元素的一组数据中查找一个特定的数据，你绘制的流程图与卡卡有不同之处吗?

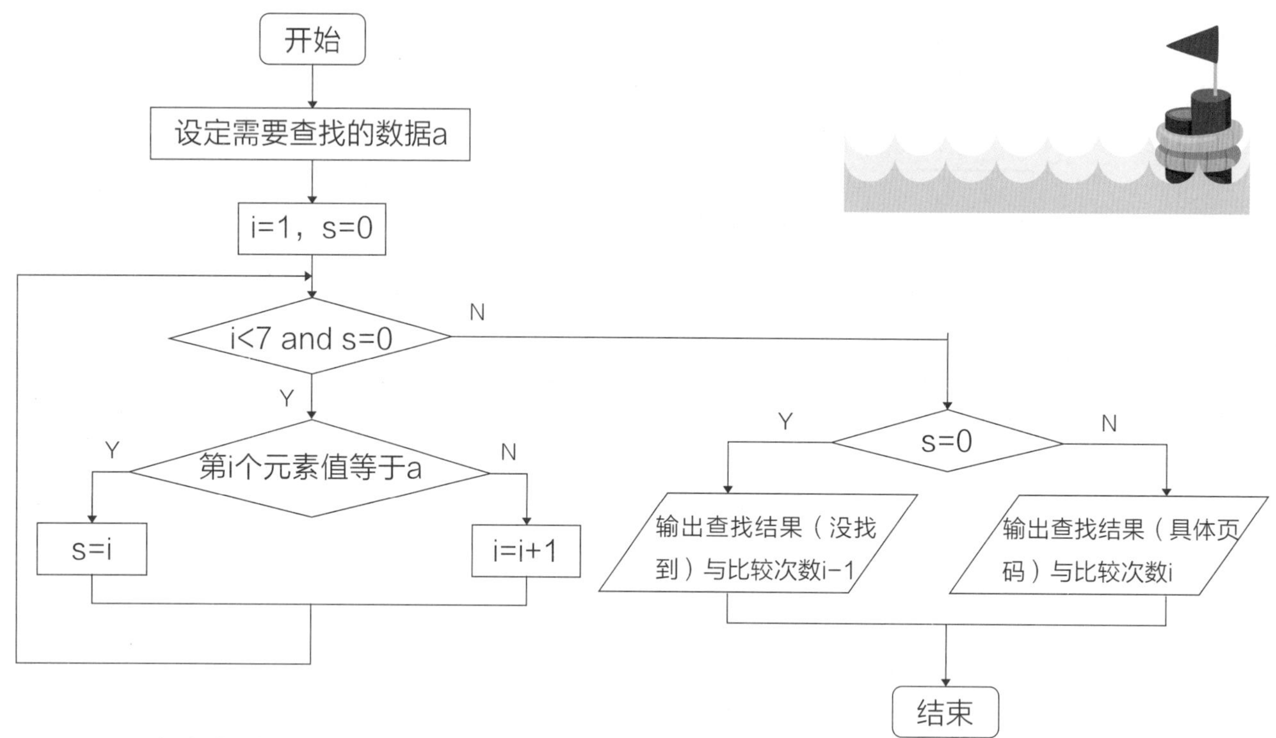

3. 对分查找

被查找的数据必须是有序的。

输入： 查找键（被查找的数据）。

处理： 对分查找首先比较查找键与有序数据中处于中间位置的元素，如果中间位置上的元素与查找目标不同，根据数据的有序性，可以确定接下来应该在数据序列的前半部分查找，还是在后半部分继续查找，缩小了近一半的查找范围。

输出： 若找到目标，结果为“数据所在的数据队列中的具体位置”；若没有找到目标，结果为“没找到”。

例如，在海洋笔记的“对分查找.sb2”程序中，海洋笔记中生物出现的页码次序按照动物英文名称的字母顺序排列，如右图所示。

```
当 被点击
移至最上层
移到 x: 180 y: -106
将造型切换为 note
delete 全部 of 海洋笔记
insert actiniaria at 1 of 海洋笔记
insert neon Blue Goby at 2 of 海洋笔记
insert sardine at 3 of 海洋笔记
insert seahorse at 4 of 海洋笔记
insert shark at 5 of 海洋笔记
insert starfish at 6 of 海洋笔记
```

进行字符之间的比较时，Scratch根据字母表的先后次序来比较字母的大小。例如，字母F在字母E之后，那么，F<E返回的值为“false”,即条件不成立。字母之间的大小比较不区分大写和小写，因此，E=e返回的值为“true”。

进行字符串的比较时，Scratch同样不区分字母的大小写，但不忽略空格，空格会参与进行比较。Scratch比较字符串时，首先比较第1个字符，如果比较出大小，则不再继续比较；如果两者的第1个字符相同，则继续比较第2个字符，直到比较出结果为止。例如，“FDCB”与“FDA”进行比较时，先比较第1个字符，两个字符串的第1个字符都是F，那么继续比较第2个字符，两个字符串的第2个字符都是D，接下来继续比较第3个字符，在字母表中字母C在字母A之后，因此，字母C大于字母A，第3个字符比较出大小后不再进行后续的比较，因此，Scratch比较“FDCB”与“FDA”的最终结果是第1个字符串大于第2个字符串。

请用合适的关系运算符（<，=，>）来连接以下两组字符串。

“sardine” ________ “seahorse”

sardine　seahorse

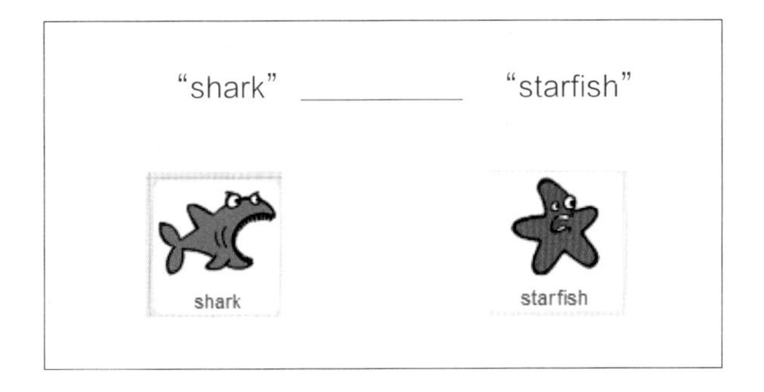

顺序查找是在一个已知的数据队列里找出与给定关键字相同的数的具体位置。原理是让关键字与队列中的数据逐一进行比较，直到找出与给定关键字相同的数为止。它的缺点是效率比较低下。

对分查找是一种效率很高的查找方法，但被查找的数据必须是有序的。对分查找首先将查找目标与有序数据序列里处于中间位置的元素进行比较，如果中间位置上的元素与查找目标不同，根据数据队列的有序性，确定在数组的前半部分还是后半部分继续进行查找，接下来在新确定的范围里继续按上述方法进行查找，直到获得最终结果。

算法复杂性分为算法的时间与空间上的复杂性，时间复杂性反映了算法执行的时间，而空间复杂性反映了算法执行占用的存储空间与所需的变量数等。

三、行·桨

1. 试桨

卡卡使用Scratch编写查找程序时，规划和设计了以下背景和角色，如下图所示。

其中，海洋笔记book的一系列造型如下图所示，记录了各种海洋生物的相关信息。

（1）顺序查找。

在“顺序查找.sb2”程序中，动物角色之一shark的脚本如右图所示。

海洋笔记book 的脚本如下。

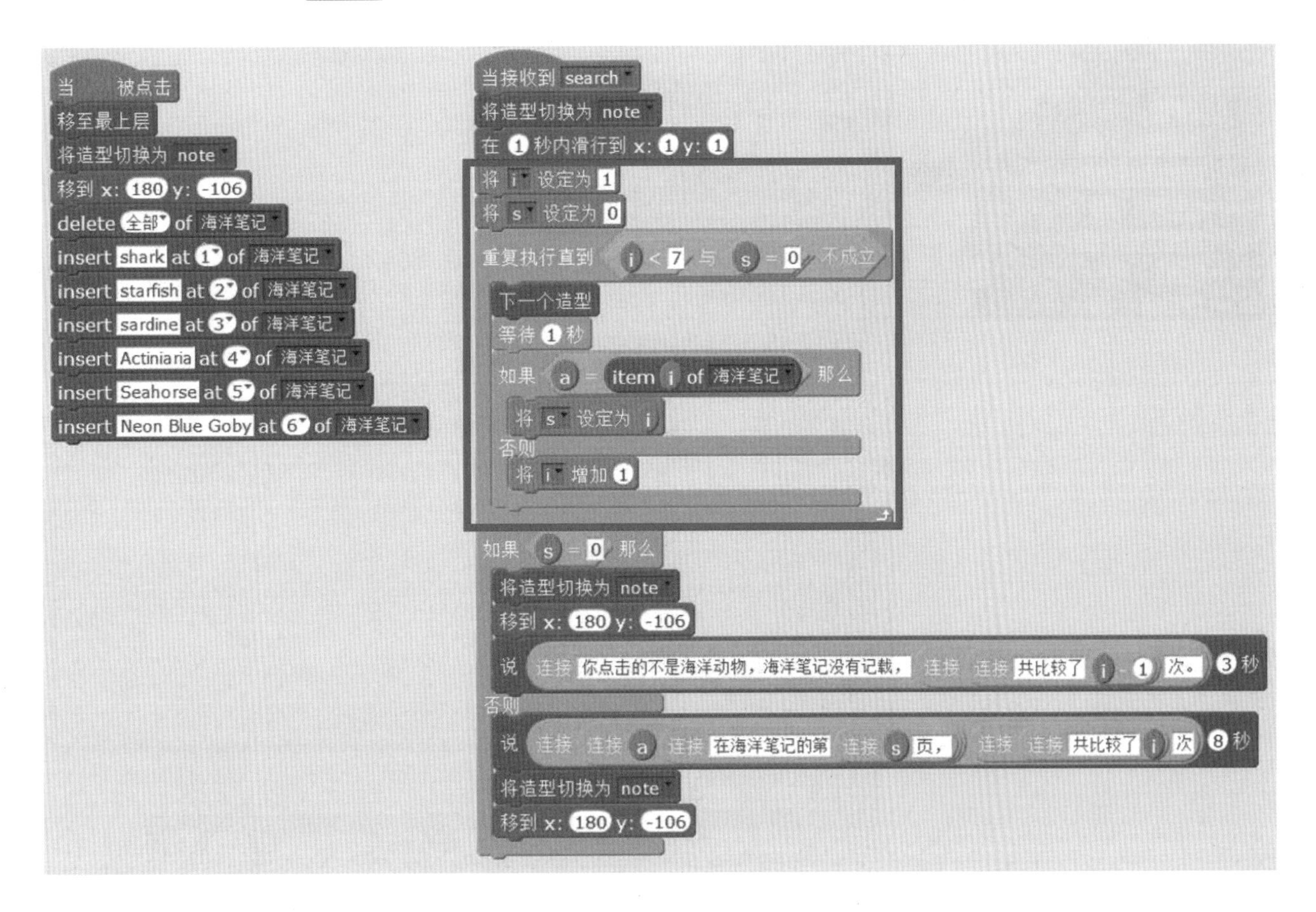

请解读上图红框中的脚本，解释并与同伴讨论，程序为何如此设置初值？如何应用链表来实现顺序查找的过程？你们对此有什么建议和意见？

（2）对分查找。

在“对分查找.sb2”程序中，动物角色之一shark的脚本如右图所示。

海洋笔记book  的脚本如下。

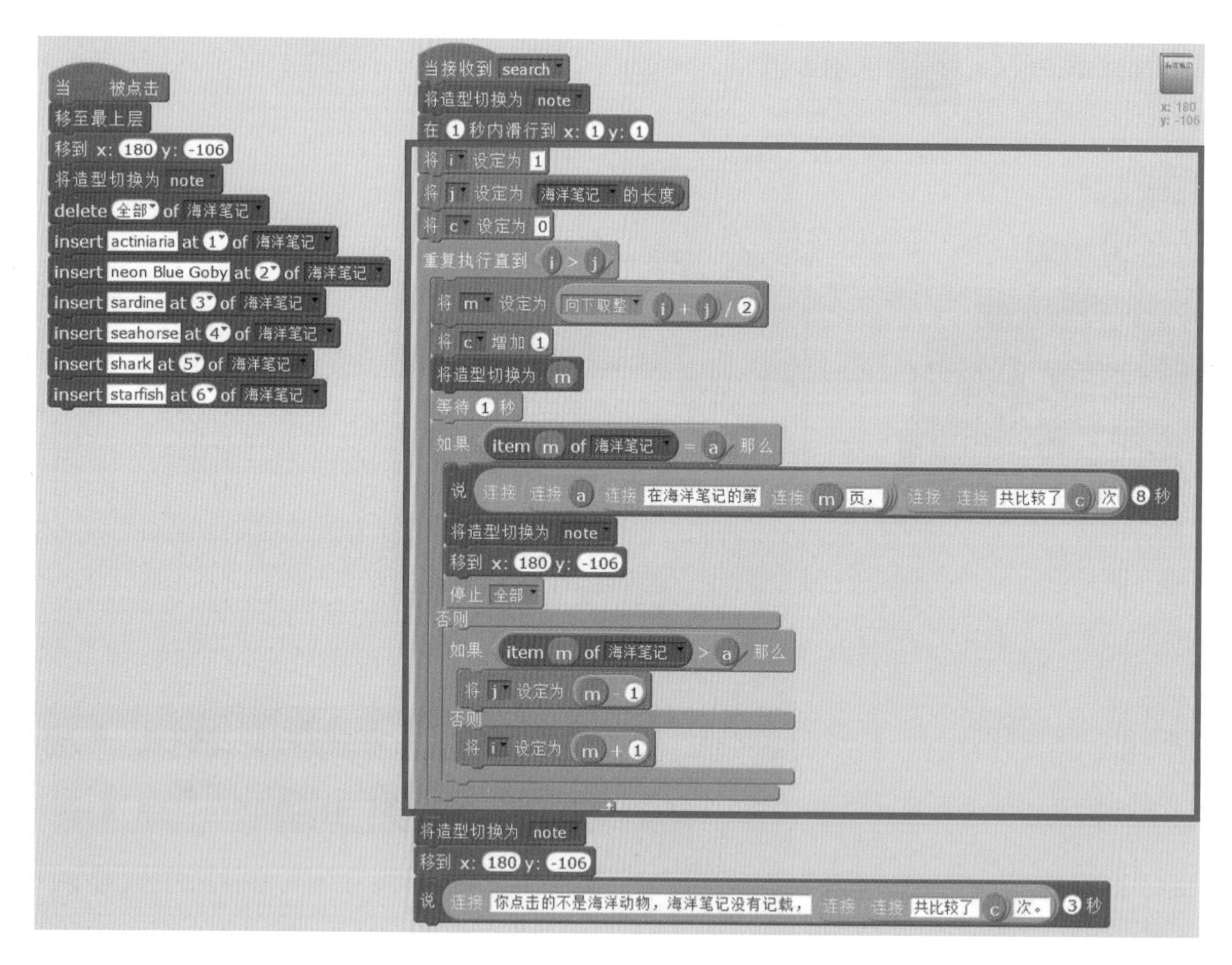

请解读上图红框中的脚本，解释并与同伴讨论，程序为何如此设置初值？如何应用链表来实现对分查找的过程？你们对此有什么建议和意见？

体验两种查找程序（“顺序查找.sb2”/“对分查找.sb2”）之后，请填写下表，比较顺序查找与对分查找的适用范围、查找效率等。

顺序查找	对分查找
海洋笔记中的数据是否需要一定有序排列	
查找效率（高/低）	

（3）侦测模块：计时器。

在侦测模块里有“计时器” [计时器] 与“计时器归零” [计时器归零] 指令。如果在计时器前的方框里打勾，在舞台上会显示计时器的具体数值。计时器组合控制模块里的 [在 之前一直等待] 等指令，可以实现时间管理。例如：[计时器 >] 与 [在 之前一直等待] 组合在一起，可以实现程序执行流程的时间控制。而计时器与其他指令积木配合使用，也可以记录执行程序耗费的时间。

请你尝试摆弄计时器积木来记录顺序查找与对分查找目标数据所耗费的时间。

2. 践行

卡卡自检“对分查找.sb2”程序时填写了下表，记录使用对分查找算法在海洋笔记中查找海马 的过程。

	m（中点位置）	i（查找的起始位置）	j（查找的终止位置）	c（比较的次数）
初值		1	6	0
第1次比较之后	3	4	6	1
第2次比较之后	5	4	4	2
第3次比较之后	4	4	4	3

查找结果：<u>第4页</u>

比较的次数：<u>3次</u>

请你填写下表，记录使用对分查找算法在海洋笔记中查找鲨鱼 shark 的过程。

	m（中点位置）	i（查找的起始位置）	j（查找的终止位置）	c（比较的次数）
初值				
第1次比较之后				

查找结果：______________

比较的次数：______________

使用对分查找在n个数据中查找元素值为a的数据，并统计比较次数c的算法描述如下，请将空白处填写完整。

（1）确定初始查找范围：i=______，j=______，c=______。

（2）判断是否继续查找：如果i<=j，则转到步骤______。

（3）若没找到，则输出查找结果“没找到”以及比较的次数c，算法终止。

（4）计算中点的位置与比较的次数：中点位置m 的值为______的向下取整，比较的次数c=______。

（5）如果第m个元素的值等于a，则转到步骤（7）。

（6）修改查找范围：如果第m个元素值大于a，则______，否则______，同时都转到步骤______。

（7）若找到则输出查找结果：所在的具体位置m与比较的次数c，算法终止。

想必你在此次航海历程中积累了不少新知和心得，请整理航海日志，并与小伙伴们共同设计、创作Scratch程序来高效、快速地查找目标值，更加便捷地检索信息。

设计构思	制作规划

抽象与建模。

场景表

场景	简介	角色列表	备注

角色表

角色	简介	外观	动作	……	角色间互动

程序完成后，先来自测一下程序，并总结作品特色与亮点。

自测时发现的问题	如何解决	解决的结果 （完全解决/部分解决/无法解决）	总结作品特色与亮点

程序制作完成后，与他人交换互玩程序，相互体验、欣赏作品，从技术、情节、造型、主题、界面、创意等方面多维度地进行评价，并给予改进建议。

<table>
<tr><td colspan="2">作品名称：</td></tr>
<tr><td>喜欢的理由： □ 技术 □ 情节
□ 造型 □ 主题
□ 界面 □ 创意
详细说明理由：
①
②
③</td><td>给出的改进建议：
①
②
③
④
⑤
⑥</td></tr>
</table>

根据他人的评价和建议，进一步修正、完善作品。

他人具有建设性、启发性的建议与意见	本人根据左侧建议与意见的调整措施	修正与完善的效果

四、悟·帆

我们一起来回顾、检视本章的学习，请填写下表，左侧可继续自主添加学习回顾项目，右侧填写左侧项目的自检评价与个性化感悟。

学习回顾	自我检视
① 熟悉顺序查找方法的特点与设计思路。	
② 了解对分查找的特点、适用范围（有序数据）与设计思路。	
③ 熟悉查找方法的特点、设计思路与适用范围。	
④ 在螺旋上升的思维递进与实践体验过程中，感悟查找的方法与实现机制。	
⑤ 了解侦测模块中计时器的使用方法。	
⑥ 巩固并应用链表来解决实际问题，查找关键字等于给定值的记录。	

第12章

巡护海洋

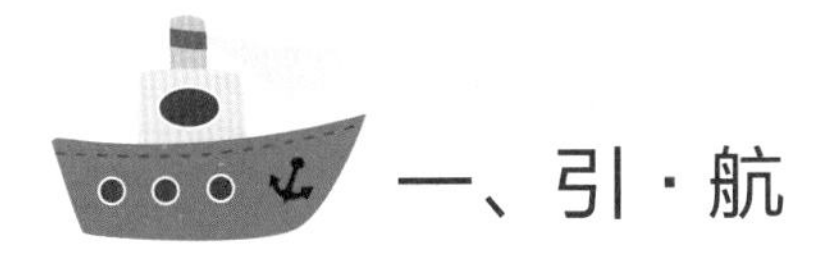

一、引·航

卡卡穿上潜水服徐徐潜入海中，与海洋做了一番深度接触。在水下巡游的过程中，他发现了一些宝箱，打开一看，发现有些是在海洋碳循环中起到重要作用的棘皮动物——有着可爱星星外形的海星，有些则是对海洋生态环境造成严重污染的化工废料。如何打捞和清除这些威胁海洋生态环境的污染物呢？卡卡与小伙伴们商议后决定派出巡逻舰来清理污染物、巡护海洋。在海洋环境里，金属材料很容易由于电化学腐蚀或微生物腐蚀而无法正常使用，有些有害的重金属还会对海洋生物产生累积和放大的毒性效应，对海洋环境造成严重的污染，卡卡和小伙伴们尝试着探究有没有什么适宜在海洋环境中应用的金属可以用来制作打捞工具，经过不懈努力，他们终于找到了……卡卡和小伙伴们使用这种金属制作了海底垃圾打捞器，开动舰船在洋面巡逻并清理海洋污染物，真是一群满怀社会责任感的环保小卫士！以下是“巡游探宝.sb2”、“海洋金属.sb2”与“巡护海洋.sb2”程序的部分场景画面。

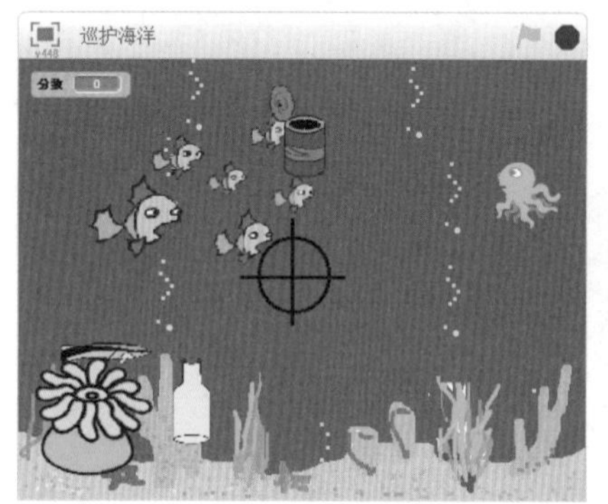

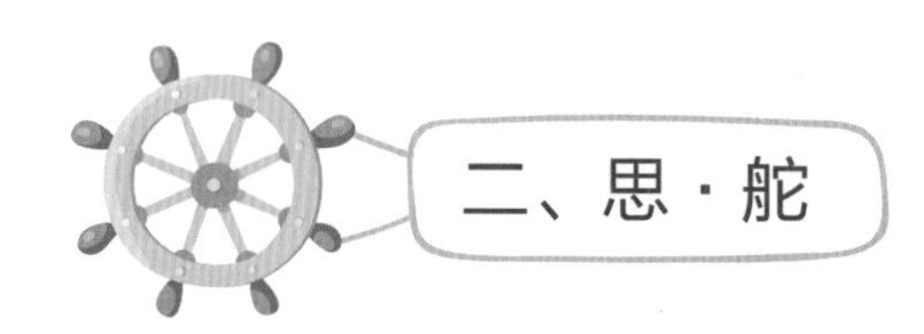

二、思·舵

模块化设计

为了使程序设计、调试与维护等更为便捷，并降低程序复杂程度，我们经常采用模块化程序设计的方法。Scratch2的“更多模块”里提供了“新建功能块”的操作，如右图所示。

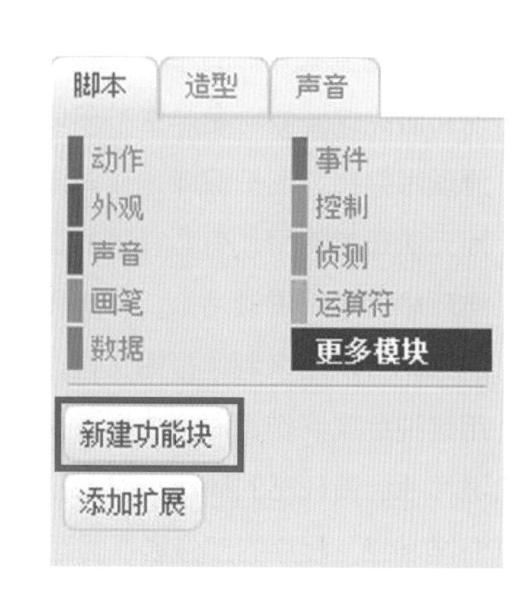

根据需要输入新建功能块的名称，单击确定。右图所示的是在“巡游探宝.sb2”程序中创建“appear”这个自定义积木块，来展现宝箱随机出现在海底的场景。

创建“appear”这个功能块之后，appear 就会出现在“更多模块”里，而 定义 appear 则出现在脚本区。接下来可以编写“appear”这个功能块，以下是卡卡创作的“巡游探宝.sb2”程序中编写“appear”这个过程的脚本。

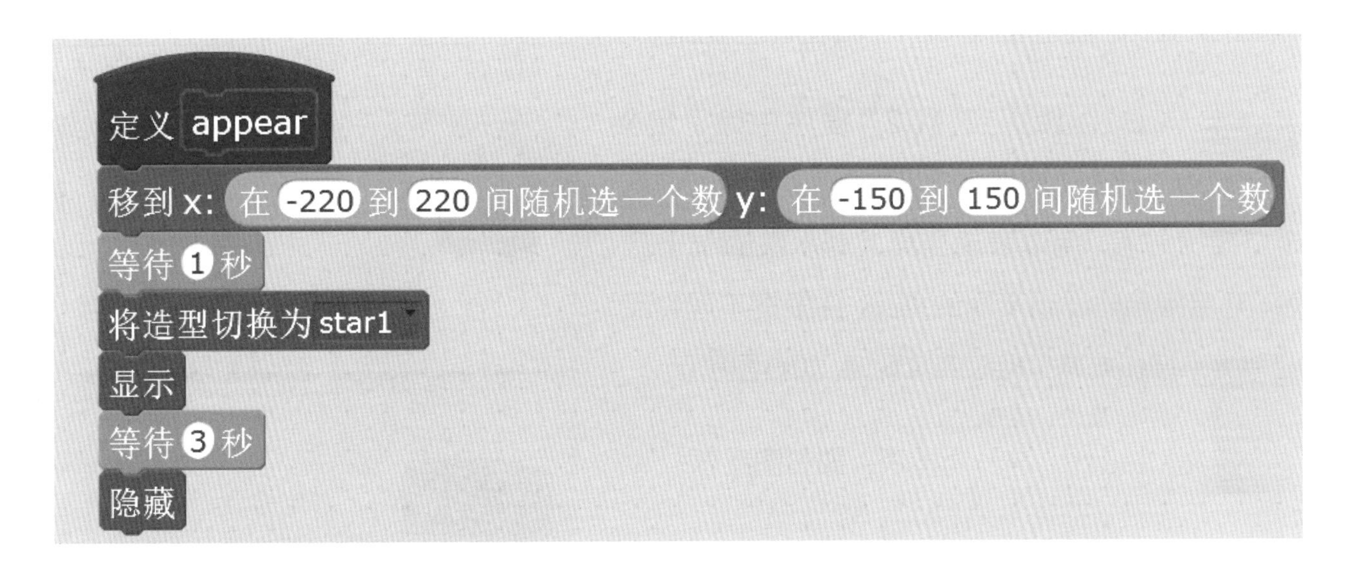

以下是 的部分脚本，使用克隆功能可以表现宝箱不断随机地出现海里，其中调用了“appear”这个过程，如右图所示。

请从程序的简洁、可读性、易修改、便于维护等方面来评价这段脚本，并给予改进建议。

脚本："巡游探宝.sb2"程序中宝箱不断随机地出现在海底	
喜欢的理由：□ 简洁 □ 可读性 □ 易修改 □ 便于维护 详细说明理由： ① ② ③ ④	给出的改进建议： ① ② ③ ④ ⑤ ⑥

卡卡在"巡游探宝.sb2"程序中除了定义"appear"这个功能块以外，还创建了"touch"这个自定义过程，用以表现当穿上潜水服的卡卡碰触、开启宝箱时发现不同的物品，并根据不同物品的种类来增加或减少相应的收获值，如右图所示。

定义"touch"这一功能块，如右图所示。

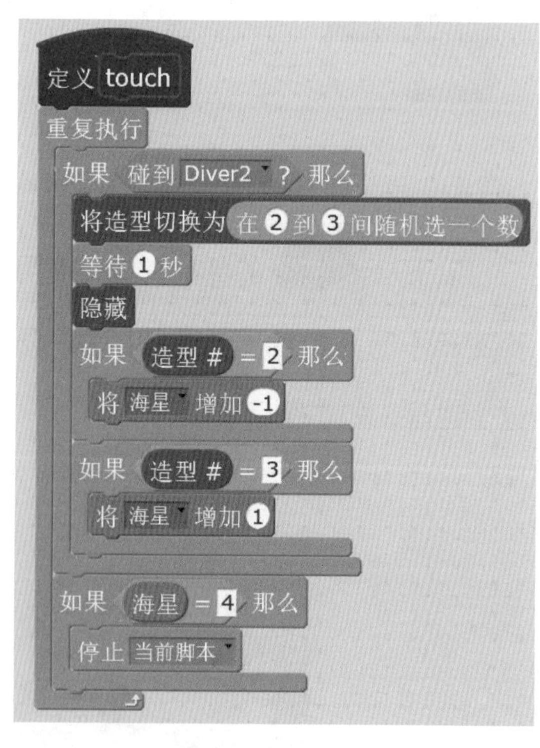

请补全 的全部脚本来展现下面的情景：在海底不断出现宝箱，根据潜水员碰触、开启宝箱时不同的发现来增加或减少相应的收获值。

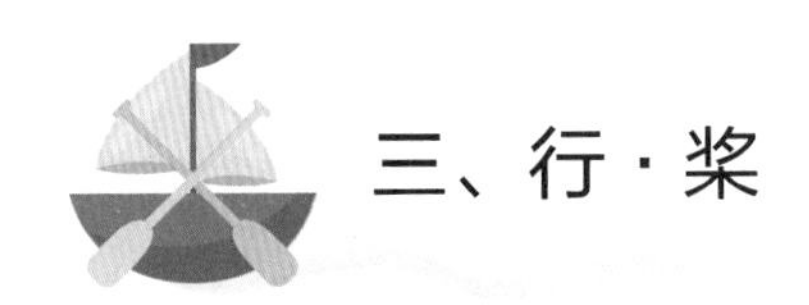

三、行·桨

1. 试桨

侦测模块：视频侦测等。

在侦测模块中与视频侦测相关的积木块如右图所示。

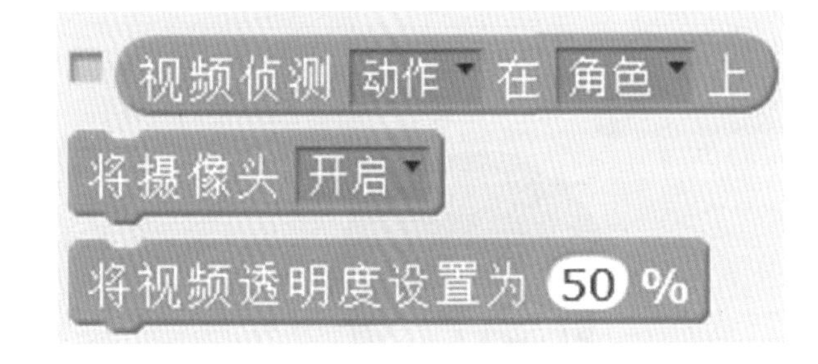

使用 [将摄像头 开启] 积木块，可以开启/关闭摄像头、设置以左右翻转方式开启，如右图所示。

使用 [视频侦测 动作 在 角色 上 (舞台/角色)] 积木块，可以侦测在角色或舞台上的动作或方向。其中，使用 [视频侦测 动作 在 角色 上] 积木块，可以侦测到在角色上的动作变化度，最大值为100。使用 [视频侦测 方向 在 角色 上] 积木块时，在角色上侦测到的动作如果是自左向右或由下向上，则为正数；否则相反，并且与速度正相关。

在卡卡制作的“巡游探宝.sb2”程序中，设计了以下角色列表，如右图所示。

实验探究

请运行“巡游探宝.sb2”程序，通过摄像头来控制潜水员的运动，观察潜水员运动状态的变化以及宝箱开启的结果。记录在体验、测试程序时遇到的问题以及解决方案。

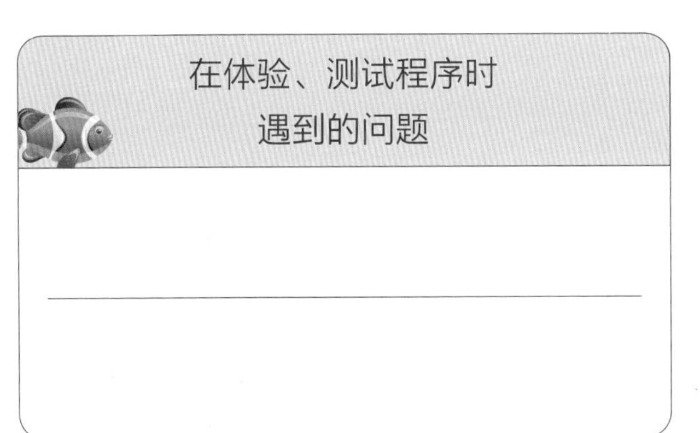

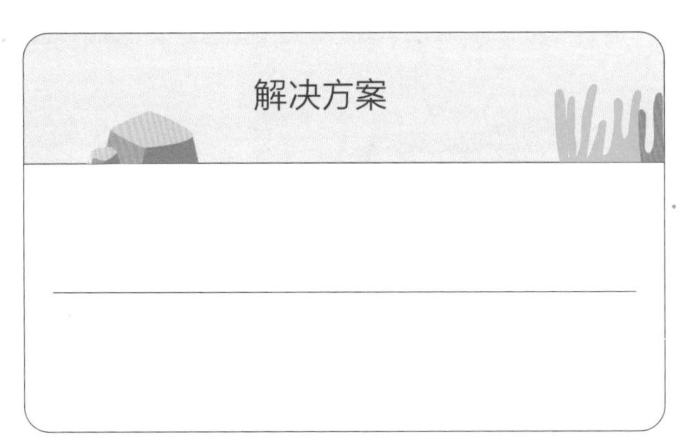

2. 践行

在海洋环境里，金属材料很容易发生电化学腐蚀或微生物腐蚀，有害的重金属还会对海洋生物产生累积和放大的毒性效应，从而污染海洋环境。卡卡和小伙伴们一起探究利用适宜在海洋环境中应用的金属来制作打捞海洋垃圾的工具，经过不懈的尝试与努力终于有所收获。卡卡和小伙伴们把探究的历程与成果记录在“海洋金属.sb2”这个Scratch作品中。请试玩并体验此作品，并跟随卡卡和小伙伴们的研究历程，一起来实验探究有哪些适宜在海洋中应用的金属？以下是“海洋金属.sb2”程序的界面与角色列表，如右图所示。

的脚本如下图所示。

```
当 被点击
隐藏变量 分数
显示
说 哪种金属可以应用在海洋中呢? 3 秒
说 请先找出金属铜吧! 2 秒
广播 找一找铜
说 黄铜矿呈黄铜黄色 2 秒
广播 铜来了
说 用鼠标点击其他金属，试着找到铜吧 2 秒

当接收到 铜讲解
说 铜需要经过黄铜矿中采集并提炼才能得到 2 秒
说 可是海水中有溶解氧，会使铜生锈，海水中又有盐分，盐即氯化钠，会加速铜的生锈 3 秒
说 所以取消铜的方案 1 秒
广播 生锈生锈了
```

```
当接收到 小鱼躲避铅球
说 接下来让我们通过小鱼躲避铅球的游戏，来了解铅是否能应用在海洋里吧。 2 秒
隐藏

当接收到 游戏结束
显示
说 铅是有害的重金属，这对海洋生物具有累积和放大的毒性效应。铅的方案取消。 2 秒
广播 铅取消

当接收到 引入奥氏体
显示
说 钢中含Cr约18%、Ni约8%~25%、C约0.1%时，具有稳定的奥氏体组织。 2 秒
说 让我们来模拟奥氏体的获得吧! 2 秒
广播 奥氏体来了
说 奥氏体塑性很好，强度较低，具有一定韧性，不具有铁磁性。 2 秒
说 适合在海洋中应用的不锈钢——双相海洋不锈钢是由50%奥氏体和50%铁素体晶粒的微结构组成 3 秒
说 太好了!我们找到了适宜在海洋中应用的金属!
```

的脚本如下图所示。

的脚本如下图所示。

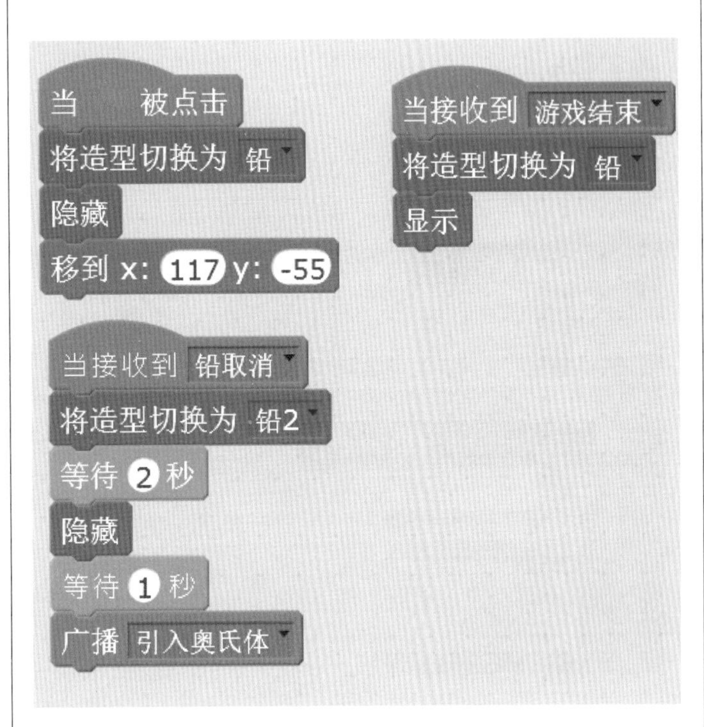

的脚本如下图所示。

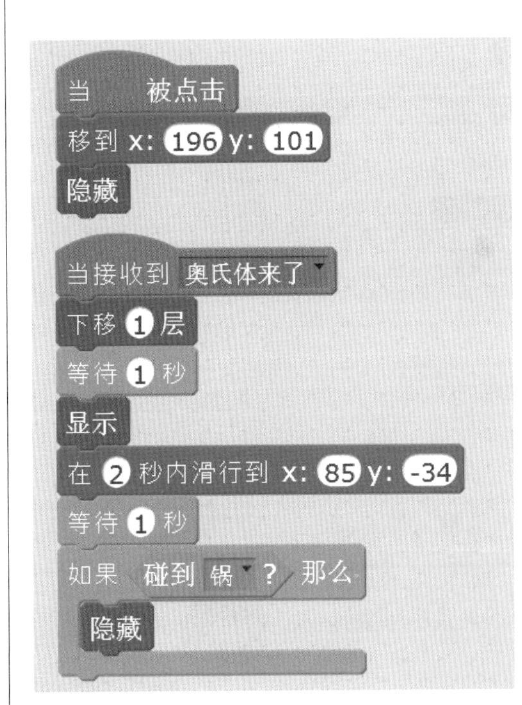

的脚本如下图所示。

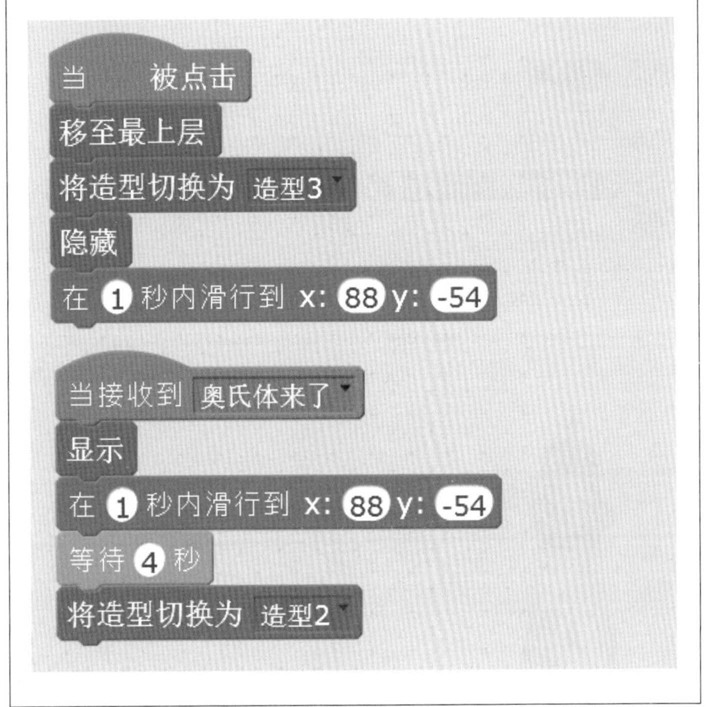

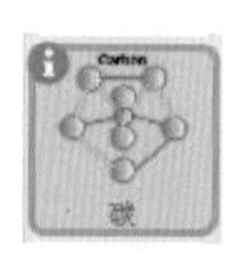

的脚本如下图所示。

当 被点击
隐藏
移到 x: -98 y: 94

当接收到 奥氏体来了
下移 1 层
等待 1 秒
显示
在 2 秒内滑行到 x: 85 y: -34
等待 1 秒
如果 碰到 锅 ? 那么
等待 1 秒
隐藏

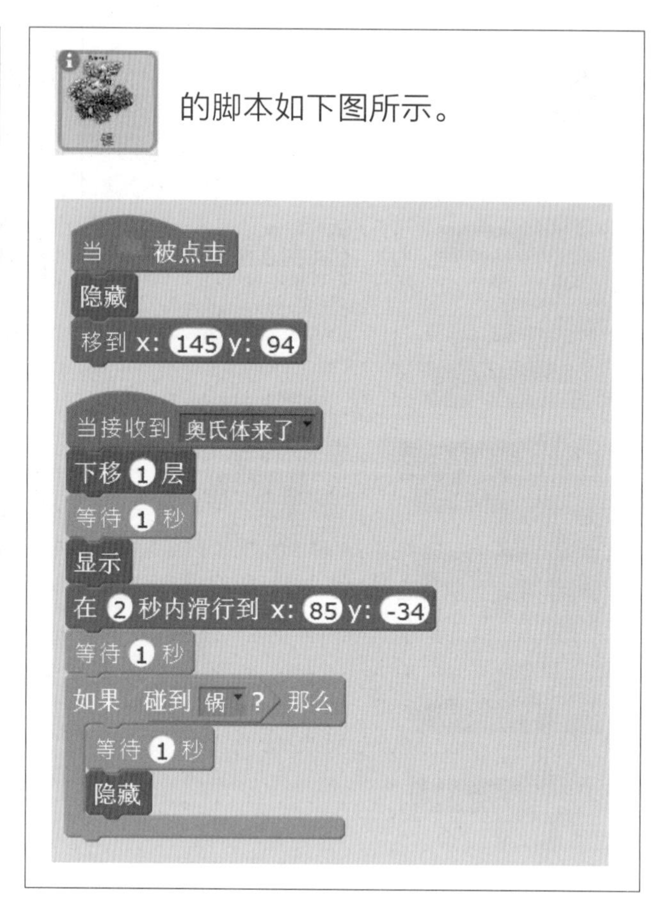

的脚本如下图所示。

当 被点击
将造型切换为 00
隐藏

当角色被点击时
将造型切换为 2
等待 0.5 秒
隐藏

当接收到 讲一讲铅
隐藏

当接收到 生锈生锈了
隐藏
清除所有图形特效

当接收到 找一找铜
重复执行 20 次
克隆 自己
隐藏
移到 x: 在 16 到 240 间随机选一个数 y: 在 -5 到 180 间随机选一个数
显示

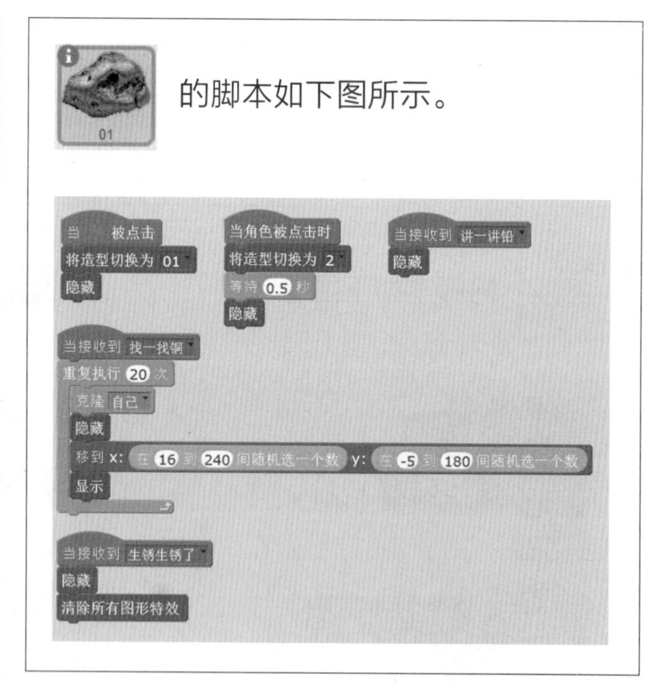

的脚本如下图所示。

```
当 被点击
隐藏
将 分数 设定为 0
重复执行
  如果 碰到 Fish2 ? 那么
    将 分数 增加 -2
    隐藏

当接收到 游戏结束
重复执行
  隐藏

当接收到 小鱼躲避铅球
等待 2 秒
显示
重复执行
  隐藏
  等待 在 0 到 1 间随机选一个数 秒
  移到 x: 在 -240 到 240 间随机选一个数 y: 170
  显示
  重复执行直到 y坐标 < -170
    将y坐标增加 -10
```

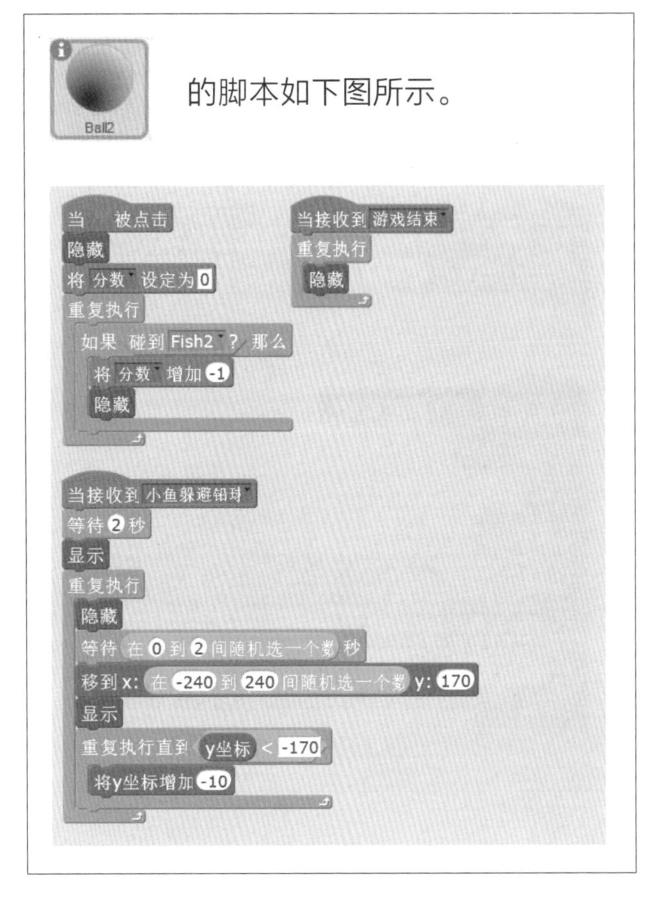

的脚本如下图所示。

```
当 被点击
隐藏
移到 x: -64 y: -91

当接收到 小鱼躲避铅球
显示变量 分数
重复执行
  如果 按键 左移键 是否按下? 那么
    面向 90 方向
    将x坐标增加 -10
    碰到边缘就反弹
  如果 按键 右移键 是否按下? 那么
    面向 90 方向
    将x坐标增加 10
    碰到边缘就反弹

当接收到 小鱼躲避铅球
显示
等待 2 秒
说 移动方向键控制小鱼来躲避铅球 2 秒
重复执行
  如果 分数 < -3 那么
    说 游戏失败！小鱼受不了有害金属，因此死亡了。 2 秒
    隐藏变量 分数
    广播 游戏结束
    隐藏
    停止 当前脚本
  如果 分数 > 8 那么
    说 恭喜你！你成功躲避了铅的侵害！ 2 秒
    隐藏变量 分数
    广播 游戏结束
    隐藏
    停止 当前脚本
```

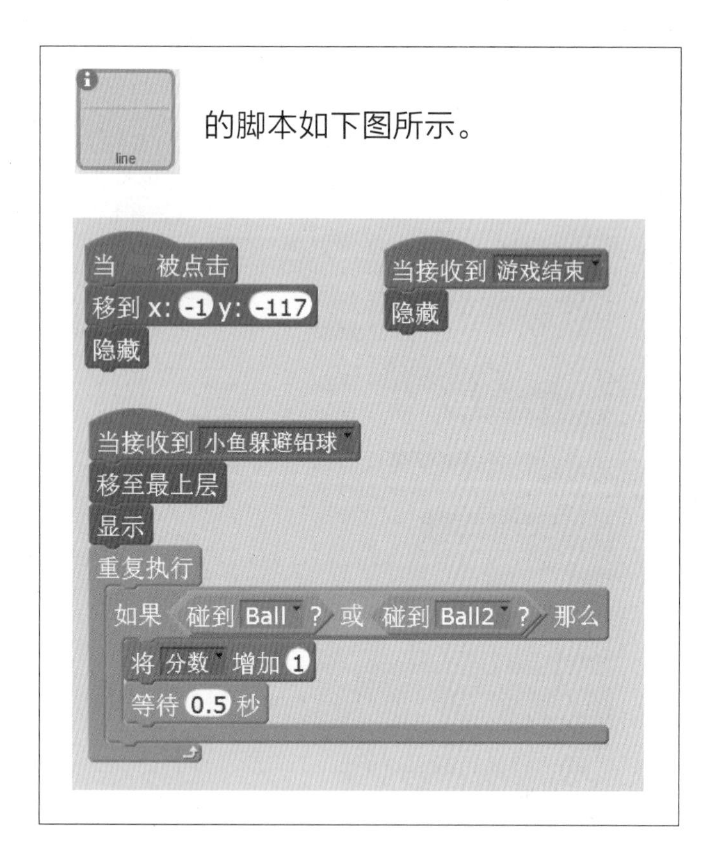

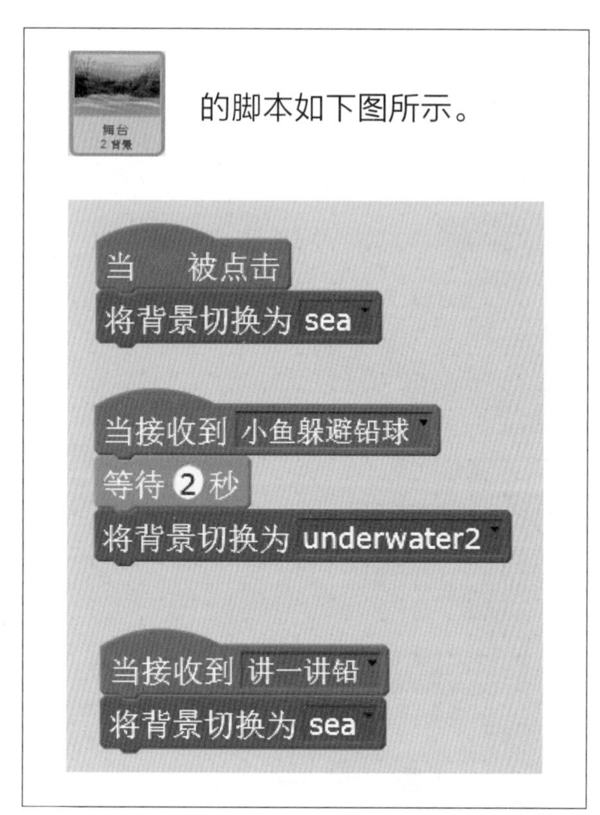

在深海的背景中，卡卡对体验者提出问题：“哪种金属可以应用在海洋中呢?”然后按照背景下方的3种金属名，逐一进行科普互动游戏。

请体验作品，一起来实验探究。

	作品设计的互动形式与内容	探究项目（该金属会在海洋环境下发生腐蚀、生锈吗？会对海洋生物产生毒性效应吗？……）	探究结论（该金属适宜在海洋环境中应用吗？……）
第1种金属名称： ________________			
第2种金属名称： ________________			
第3种金属名称： ________________ 主要由哪几种元素组成： ________________			

请从技术、情节、造型、主题、界面、创意等方面来评价“海洋金属.sb2”这件作品，交流体验程序、开展探究的感受，并给予改进建议。

<table>
<tr><td colspan="2">作品名称：“海洋金属.sb2”</td></tr>
<tr><td>喜欢的理由：□ 技术 □ 情节
□ 造型 □ 主题
□ 界面 □ 创意

详细说明理由：
①
②
③</td><td>体验程序、开展探究的感受：

给出的改进建议：
①
②
③
④
⑤</td></tr>
</table>

卡卡使用适宜在海洋环境中的金属制作了捕捞有害垃圾的工具，把它装备在巡逻舰上来清理海洋污染物。卡卡和小伙伴们制作了“巡护海洋.sb2”程序来展现绿色环保、护卫海洋的主题。右图是程序的界面与角色列表。

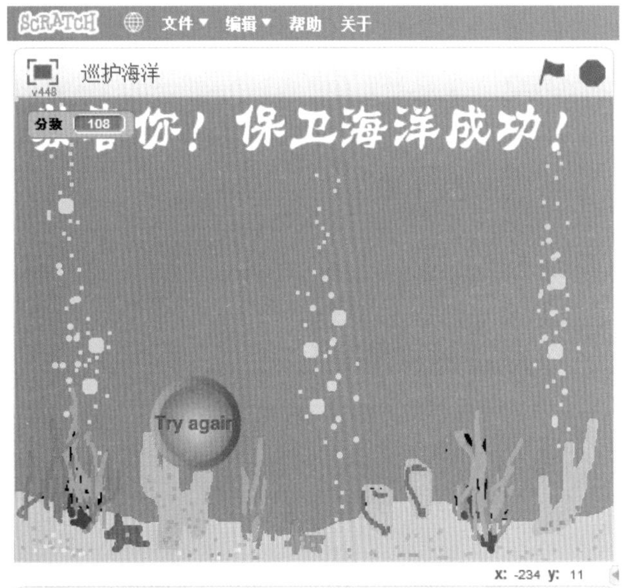

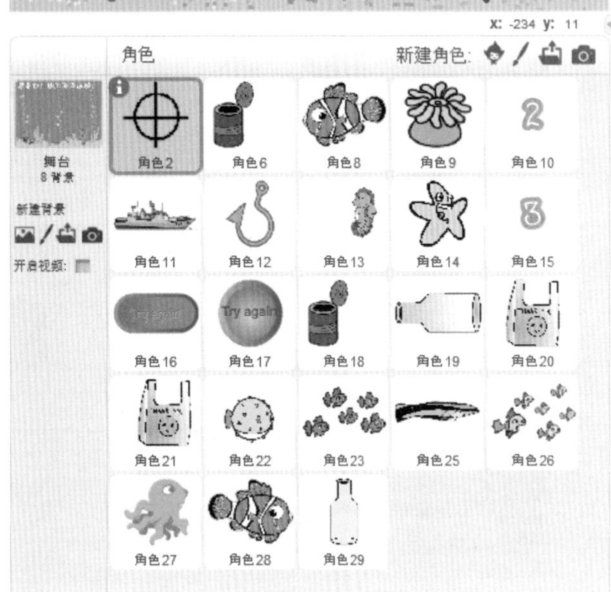

的脚本如下图所示。

当 被点击
隐藏
将角色的大小设定为 100
将造型切换为 造型1

当接收到 3
重复执行
隐藏

当接收到 gameover
隐藏

当接收到 win
隐藏

当接收到 go
显示
重复执行
移到 鼠标指针
如果 下移鼠标? 那么
将造型切换为 造型1
等待 0.1 秒
将造型切换为 造型2
否则
将造型切换为 造型2

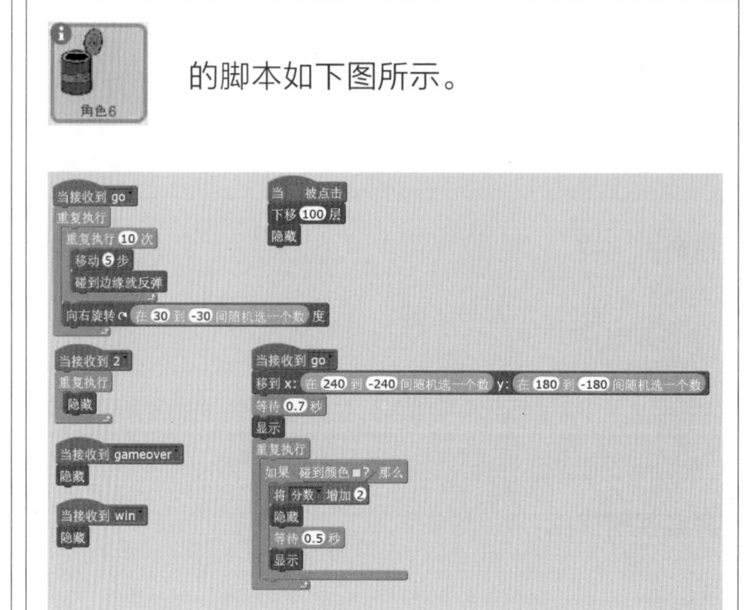

的脚本如下图所示。

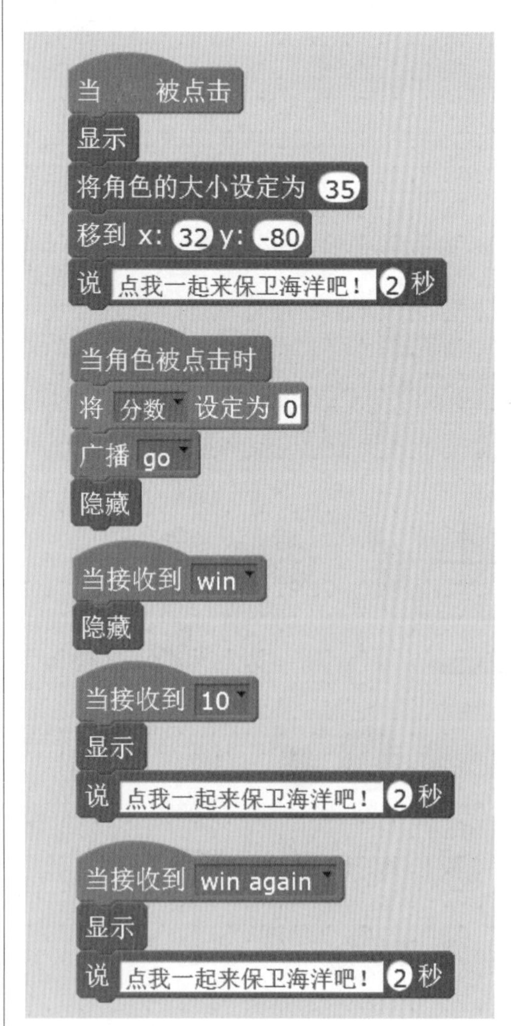

的脚本如下图所示。

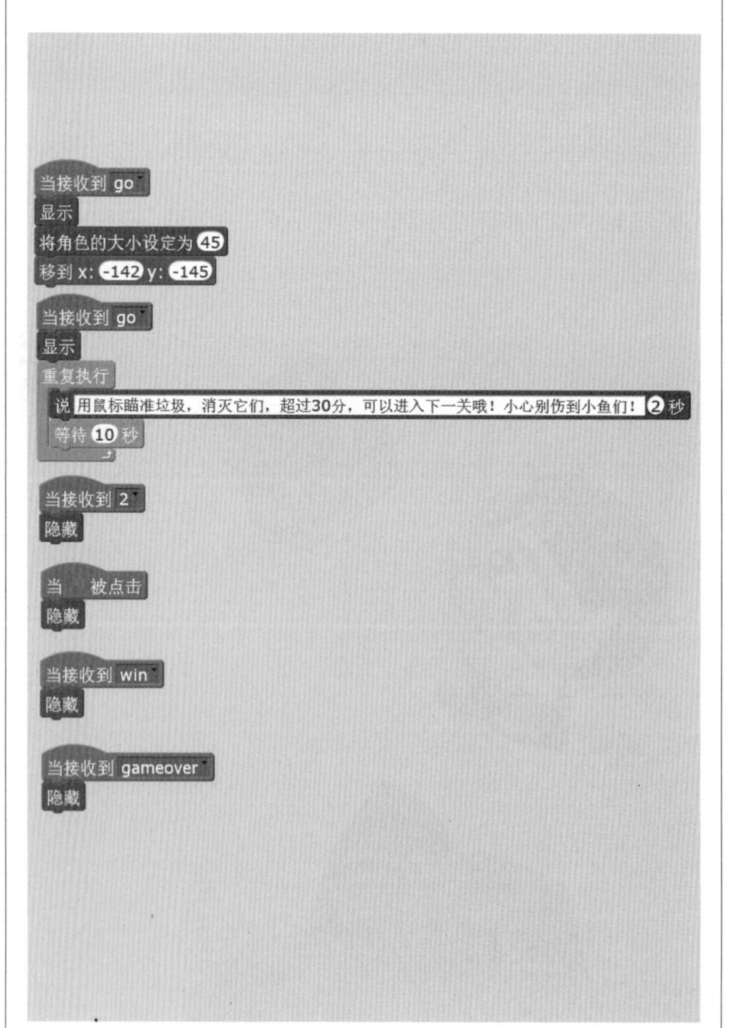

的脚本如下图所示。

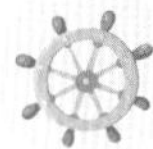

```
当 被点击
将角色的大小设定为 27
隐藏
移到 x: 在 -220 到 220 间随机选一个数 y: 122

当接收到 gameover
隐藏

当接收到 111
显示
移到 x: x坐标 of 角色12 y: 122

当接收到 win
隐藏
```

```
当接收到 3
清空
显示
重复执行
    碰到边缘就反弹
    如果 按键 左移键 是否按下? 那么
        面向 -90 方向
        移动 2 步
    如果 按键 右移键 是否按下? 那么
        面向 90 方向
        移动 2 步
```

的脚本如右图所示。

```
当接收到 gameover
隐藏

当 被点击
下移 10 层
清空
隐藏

当接收到 win
隐藏
```

```
当接收到 3
重复执行
    显示
    抬笔
    移到 角色11
    如果 按键 空格键 是否按下? 那么
        重复执行直到 y坐标 < -160 或 碰到 角色19 ? 或 碰到 角色20 ?
            广播 111
            将画笔的颜色设定为 ■
            将画笔的大小设定为 2
            落笔
            面向 180 方向
            移动 2 步
            抬笔
    如果 y坐标 < -160 或 碰到 角色19 ? 或 碰到 角色20 ? 那么
        将画笔的颜色设定为 ■
        将画笔的大小设定为 2
        重复执行直到 y坐标 > 122 或 y坐标 = 122
            广播 111
            落笔
            面向 0 方向
            移动 2 步
        抬笔
        清空
```

的脚本如右图所示。

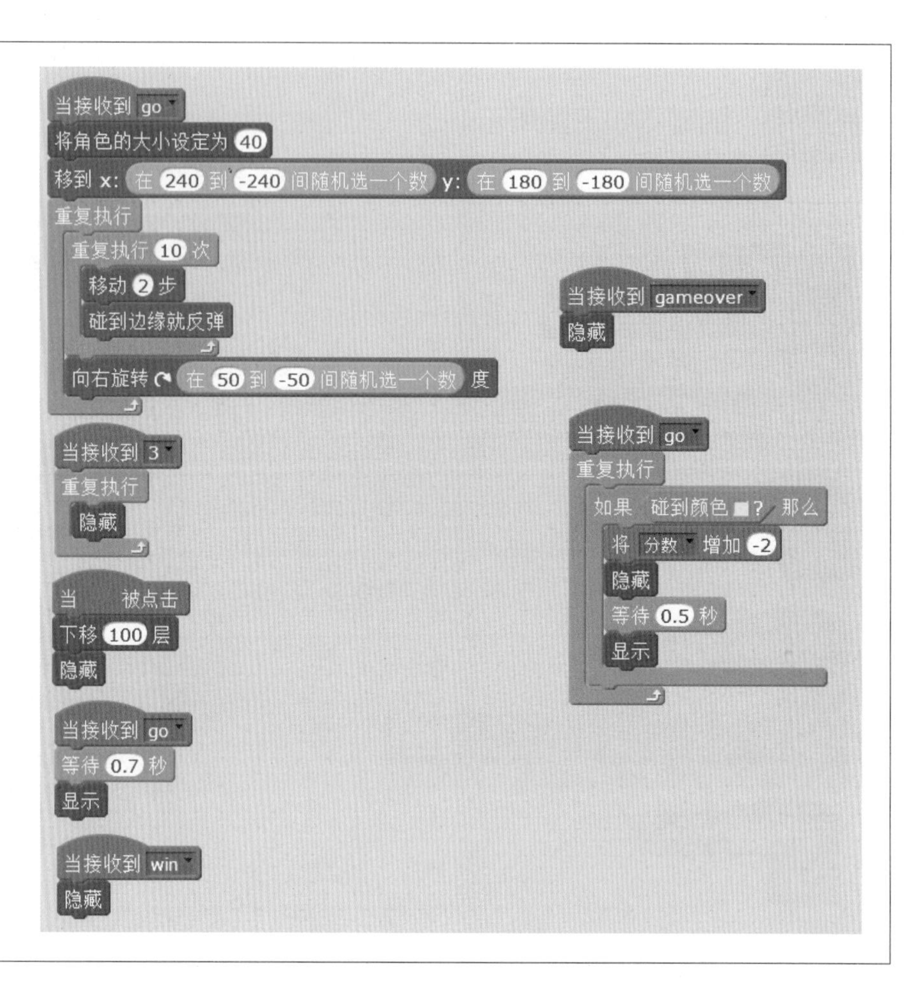

的脚本如右图所示。

```
当接收到 go
移到 x: 在 240 到 -240 间随机选一个数 y: 在 180 到 -180 间随机选一个数
重复执行
    重复执行 10 次
        移动 5 步
        碰到边缘就反弹
    向右旋转 在 30 到 -30 间随机选一个数 度

当接收到 2
重复执行
    隐藏

当 被点击
下移 100 层
隐藏

当接收到 go
等待 0.7 秒
显示

当接收到 win
隐藏

当接收到 gameover
隐藏

当接收到 go
重复执行
    如果 碰到颜色 ? 那么
        将 分数 增加 2
        隐藏
        等待 0.5 秒
        显示
```

请试玩并体验作品，一起来实验探究。

作品设计了哪些互动体验环节？具体的形式与内容是怎样的？

卡卡和小伙伴们制作的打捞海洋污染物的工具是什么？如何操作与运用这个工具？这个打捞工具的使用效果如何？

请你自主探究：有哪些更好地有效清理海洋垃圾的方法和工具？记录探究的过程、方法与结论。

在体验、测试程序时遇到的问题	解决方案

下面请你与伙伴们一起想象、构思情节，讨论作品大纲，模块化设计、抽象与建模，共同创作Scratch作品来展现如何有效地清理危害海洋的污染物，保护海洋环境。

设计构思	制作规划

模块化设计。

模块名称	模块功能	如何调用

抽象与建模。

场景表

场景	简介	角色列表	备注

角色表

角色	简介	外观	动作	……	角色间互动

程序完成后，先来自测一下程序，并总结作品特色与亮点。

自测时发现的问题	如何解决	解决的结果 （完全解决/部分解决/无法解决）	总结作品特色与亮点

程序制作完成后，与他人交换互玩程序，相互体验、欣赏作品，从技术、情节、造型、主题、界面、创意等方面多维度地进行评价，并给予改进建议。

<table>
<tr><td colspan="2">作品名称：</td></tr>
<tr><td>喜欢的理由： □ 技术 □ 情节
□ 造型 □ 主题
□ 界面 □ 创意

详细说明理由：
①
②
③</td><td>给出的改进建议：
①
②
③
④
⑤
⑥</td></tr>
</table>

根据他人的评价和建议，进一步修正、完善作品。

他人具有建设性、启发性的建议与意见	本人根据左侧建议与意见的调整措施	修正与完善的效果

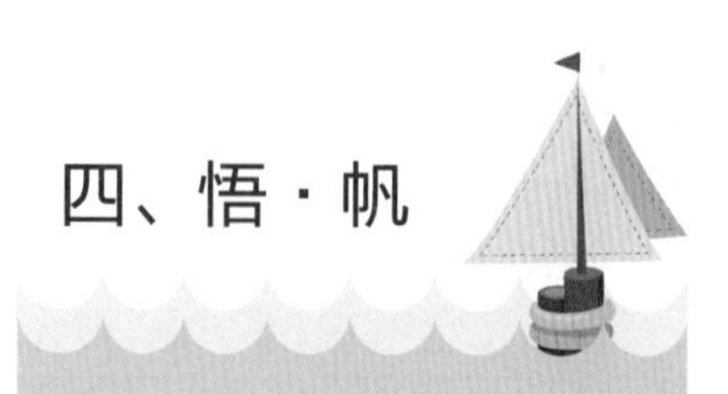

四、悟·帆

我们一起来回顾、检视本章的学习，请填写下表，左侧可继续自主添加学习回顾项目，右侧填写左侧项目的自检评价与个性化感悟。

学习回顾	自我检视
① 理解并体验模块化程序设计的方法，以使程序设计、调试与维护等更为便捷，并降低程序的复杂程度。	
② 应用科学探究的方法来观察、了解客观世界，并寻求解决问题的方案。	
③ 开展跨学科融合学习，发展解决复杂问题的预见力、决策力与执行力。	
④ 体会感测技术是信息技术的核心技术之一，使用摄像头感测外界的信息来增强作品的多感官体验，提升程序的多元化与趣味性。	

附录　Scratch创意编程科目内容及架构

活动名称	学习目标	建议课时
活动1 海边的Scratch	（1）初探了解新事物、解决新问题的方法与途径，增强获取、加工、表达信息的能力； （2）了解Scratch 软件及程序界面； （3）了解不同类型的Scratch指令积木的异同及功能； （4）理解并应用编辑Scratch角色和舞台的方法，观察、了解Scratch编程的特点； （5）初步体验优化、改进程序，逐步发展观察问题和解决问题的能力。	2
活动2 裹粮待发	（1）应用思维导图作为活动项目的图像式思考辅助工具； （2）使用排序的可视化思考策略和方法来激活思维、辅助决策； （3）尝试使用自然语言和流程图来描述顺序算法； （4）使用外观模块中的指令来实现切换造型、设置角色大小、思考等； （5）理解坐标意义，并结合使用动作模块中的“移到……”、“在……秒内滑动到……”、“面向……方向”、“将旋转模式设定为……”等，来展现角色的精确位移与行动； （6）理解控制模块中的“停止”、“等待……秒”、“重复执行”等指令的功能与使用方法。	2
活动3 谁的生日	（1）了解分支结构（选择模式）的基本思想和基本结构； （2）经历分析问题、设计算法等阶段，逐步加深对使用分支结构来解决问题的理解； （3）能根据具体问题设置分支结构的判断条件和执行步骤，能解释分支结构执行的过程和结果； （4）理解并应用侦测模块中的“按键……是否按下”等指令作为判断条件； （5）使用侦测模块中的“询问……并等待”和“回答”指令相呼应，来实现交互问答； （6）理解事件模块中的“当按下……”和“当角色被点击时”等指令的功能和用途； （7）熟悉画笔模块，理解抬笔、落笔的含义，尝试设置画笔的颜色、大小等。	2

活动名称	学习目标	建议课时
活动4 舰指沧海	（1）理解并应用知识可视化工具中的视觉隐喻及思维方法； （2）运用事件模块中的“广播……”与“当接收到……”等来广播消息、接收消息，并启动相应的脚本； （3）理解各种数据类型的区别以及相关积木块的使用方法； （4）了解各类运算符（算术运算符、字符串运算符、关系运算符、逻辑运算符）的功能及使用方法。	2
活动5 素雪竞帆	（1）理解循环结构的逻辑并编程实现重复模式； （2）应用运算符模块中的“在……到……间随机选一个数”指令，丰富作品的呈现形式； （3）尝试使用控制模块中的“克隆……”、“当作为克隆体启动时”、“删除本克隆体”等指令，有效提高程序的效率； （4）应用外观模块“将……特效设定为”等指令设置角色的特效，增强作品的表现效果； （5）理解并使用侦测模块中的“碰到……”等指令来作为判断条件。	2
活动6 浩海迷障	（1）体验思维的发散与聚合共同作用于创意设计，发展创新性思维； （2）巩固并应用顺序、分支、循环3种基本结构的嵌套，来解决问题、设计方案、调试实施； （3）理解并掌握侦测模块中的“按键……是否按下”、“碰到颜色……”、“到……的距离”等指令的使用方法； （4）识别声音模块中各项指令，选择合适的声音指令来使程序更丰富、精彩； （5）培养良好的编程风格，设计友好的用户界面，制作亲切、友善的科创作品。	2

活动名称	学习目标	建议课时
活动7 ______的沙丁鱼	（1）运用思维的发散与聚合来构思、规划作品，进一步提升思维的广度、深度、清晰度等； （2）识别、分析与尝试可能的解决方案，选择较优方案以提高程序的执行效率，发展分析问题、解决问题的能力； （3）加深领会与辨析克隆功能的适用情境，增强调试、改进作品的意识； （4）巩固并应用“到……的距离”等指令作为判断条件来推进程序运行。	1
活动8 相濡以沫的 小丑鱼与海葵	（1）合理规划与构架故事的角色、时间节点与相应脚本； （2）了解计算机中显示图像的类别以及矢量图与位图的特点； （3）了解并使用绘图编辑器设计与编辑作品角色等； （4）巩固并应用“广播……”与“当接收到……”等指令来综合调度和推进故事情节； （5）综合运用侦测角色的坐标、“碰到……”、“按键……是否按下”等侦测指令来实现游戏交互。	2
活动9 百鱼百钱	（1）理解枚举算法的思想与特征，领悟列举与检验数据的方法； （2）理解循环结构嵌套的原理和执行过程； （3）体验程序设计融合数学方法来解决具体问题，提升理解数据与归纳数据的能力； （4）理解并掌握变量的概念与基本操作：新建变量与设置变量等； （5）应用控制变量并结合相关的算术运算、关系运算、逻辑运算来作为判断条件； （6）巩固并应用侦测模块的“询问……并等待”和“回答”指令来实现获取数据、程序交互等功能。	3

活动名称	学习目标	建议课时
活动10 鱼儿成长记	（1）巩固掌握使用思维导图来辅助思考、构思与设计作品； （2）了解链表的含义，理解变量和链表的关联，可以根据需求选择使用合适的变量或链表； （3）掌握链表基本操作：删除链表、插入……到链表的第……项、设定……为链表的第……项等； （4）巩固并应用侦测模块里的“到鼠标指针的距离”、“碰到……”等指令； （5）掌握使用克隆功能结合特效设置来设计有创意的动态变化效果。	2
活动11 海洋笔记	（1）熟悉顺序查找方法的特点与设计思路； （2）了解对分查找的特点、适用范围（有序数据）与设计思路； （3）熟悉查找方法的特点、设计思路与适用范围； （4）在螺旋上升的思维递进与实践体验过程中感悟查找的方法与实现机制； （5）了解侦测模块中计时器的使用方法； （6）巩固并应用链表来解决实际问题，查找关键字等于给定值的记录。	3
活动12 巡护海洋	（1）理解并体验模块化程序设计的方法，以使程序设计、调试与维护等更为便捷，并降低程序的复杂程度； （2）应用科学探究的方法来观察、了解客观世界，并寻求解决问题的方案； （3）开展跨学科融合学习，发展解决复杂问题的预见力、决策力与执行力； （4）体会感测技术是信息技术的核心技术之一，使用摄像头感测外界的信息来增强作品的多感官体验，提升程序的多元化与趣味性。	3

参考文献

[1] Resnick, M. Reviving Papert's Dream[J]. *Educational Technology*, 2012, 5(4): 42-46.

[2] NSF. ICER Final Report of the Northwest Regional Meeting Executive Summary [DB/OL]. http://academic.evergreen.edu/projects/icer/documents/icer-northwest-report.pdf,2015-11-23.

[3] Baduaa,F. The ROOT and STEM of a Fruitful Business Education [J]. *Journal of Education for Business*, 2015, (1):50-55.

[4] Griffin, C. P., Murtagh, L.Increasing the Sight Vocabulary and Reading Fluency of Children Requiring Reading Support: the Use of a Precision Teaching Approach [J]. *Educational Psychology in Practice*, 2015, 31(2): 186-209.

[5] 任友群，随晓筱，刘新阳. 欧盟数字素养框架研究 [DB/OL]. http://www.docin.com/p-1054486985.html,2015-11-23.

图书在版编目(CIP)数据

STEAM之创意编程思维 Scratch智慧版/居晓波著.—上海:复旦大学出版社,2017.11
(天才密码STEAM之创意编程思维系列丛书)
ISBN 978-7-309-13299-1

Ⅰ.S… Ⅱ.居… Ⅲ.程序设计 Ⅳ.TP311.1

中国版本图书馆CIP数据核字(2017)第245496号

STEAM之创意编程思维 Scratch智慧版
居晓波 著
责任编辑/梁 玲

复旦大学出版社有限公司出版发行
上海市国权路579号 邮编:200433
网址:fupnet@fudanpress.com http://www.fudanpress.com
门市零售:86-21-65642857 团体订购:86-21-65118853
外埠邮购:86-21-65109143 出版部电话:86-21-65642845
上海市崇明县裕安印刷厂

开本890×1240 1/16 印张11 字数214千
2017年11月第1版第1次印刷

ISBN 978-7-309-13299-1/T·612
定价:56.00元

天才密码 STEAM之创意编程思维系列丛书

《 STEAM之创意编程思维 Scratch Jr精灵版 》（适合5～8岁的学习者）

《 STEAM之创意编程思维 Scratch 智慧版 》（适合8岁以上的初学者）

《 STEAM之创意编程思维 Scratch 精英版 》（适合8岁以上的进阶学习者）

《 STEAM之创意编程思维 Scratch 天才版 》（适合8岁以上的中级学习者）

提高解决问题的能力

培养持续学习的兴趣和习惯

发展逻辑思维和系统思考的能力

激发想象力和创新力

构建团队协作能力和领导力

（含配套光盘）

ISBN 978-7-309-13299-1

定价：56.00元

www.fudanpress.com

策划编辑 查 莉

责任编辑 梁 玲

封面设计 鞠 云

版面设计 鞠 云

责任美编 杨倩倩